ZEITSCHRIFT für Meteorologie

Herausgeber Prof. Dr. R. SÜRING
Direktor des Meteorologischen Zentralobservatoriums Potsdam

unter Mitwirkung von
Prof. Dr. G. Falckenberg-Warnemünde · Prof. Dr. W. König-Potsdam
und Prof. Dr. F. Schindelhauer-Potsdam

JAHRGANG 1 HEFT 4/5 JAN./FEBR. 1947

DEUTSCHER
ZENTRALVERLAG GMBH
BERLIN

Inhaltsverzeichnis

Seite

Aufsätze und kleinere Mitteilungen:

Meteorologische und geophysikalische Sonderberichte:

Bibliographie:

Zeitschrift für Meteorologie

Herausgegeben
von
R. Süring-Potsdam, Meteorologisches Zentralobservatorium
unter Mitwirkung von
Prof. Dr. G. Falckenberg-Warnemünde, Prof. Dr. W. König-Potsdam und
Prof. Dr. F. Schindelhauer-Potsdam

Heft 4/5 | Potsdam | Jan./Febr. 1947

Die Aktionsgebiete des Wasser- und Wärmehaushaltes der Erdoberfläche.

Von Fritz Albrecht-Potsdam

Mit 6 Abbildungen

Die allmählich immer weiter getriebene Erforschung des Wärmehaushaltes der Erdoberfläche hat den Nachweis erbracht, daß eine große Anzahl klimatologischer Probleme durch Wärmehaushaltsbetrachtungen ihre Lösung findet bzw. dem Verständnis nähergebracht werden kann. Hierbei besteht das Ziel aller derartigen Untersuchungen in der Ermittlung der Komponenten des Wärmehaushaltes. Diese sind für den Wärmehaushalt der Erdoberfläche der Strahlungsumsatz am Boden S, der Wärmeumsatz im Boden B, der Wärmeumsatz zwischen Boden und der Luft und der Wärmeaufwand bei der Wasserverdunstung des Bodens V. Die vier Größen sind durch die Gleichung:

$$S = B + L + V$$

miteinander verknüpft (1). Für den Wärmehaushalt der Luft ist von diesen Größen unmittelbar nur die Wärmeaufnahme der Luft vom Boden her (L) von Bedeutung. Daneben spielt aber der Wärmegewinn bei der Kondensation des Niederschlagswassers eine entscheidende Rolle. Versucht man eine Größe zu definieren, die für die Wärmeverhältnisse von über die Erdoberfläche bewegten Luftmassen kennzeichnend ist, so wird man auf die Größe Verdunstung am Boden minus Niederschlag (V—N) geführt. Denn, wie frühere Untersuchungen gezeigt haben (2), ist die bei der Wasserverdunstung der Unterlage in latenter Form an die Luft abgegebene Wärmemenge in den allermeisten Fällen die bedeutendste Wärmeabgabe des Untergrundes. Andererseits bezeichnen die Orte des Niederschlages die Stellen, in denen die Luft tatsächlich erst die zunächst in latenter Form aufgenommenen Wärmemengen zugeführt erhält. Die Größe Verdunstung minus Niederschlag ist also nicht nur die Grundgröße des Wasserhaushaltes der Erdoberfläche, sondern auch für den Wärmehaushalt von großer Wichtigkeit. Es verlohnt sich daher, einmal die Verteilung dieser Größe über die ganze Erdoberfläche in den Mittelpunkt einer Betrachtung zu stellen.

Eine solche Untersuchung ist zunächst dadurch möglich, daß eine Verdunstungskarte der Erde gezeichnet wird. Dies ist über den Meeren unter vorsichtiger Auswertung aller klimatologischen Beobachtungsdaten noch möglich, da hier sowohl die Temperaturen der Wasseroberfläche als auch ihr Maximaldampfdruck, als auch der Dampfdruck der Luft zu erschließen sind. Auch für die zur Ermittlung der Verdunstung nach der Sverdrupschen Formel dann noch erforderliche Größe der mittleren Windgeschwindigkeit findet sich ausreichendes Beobachtungsmaterial. Einer Ermittlung der Verdunstung des Landes stehen aber große Schwierigkeiten entgegen. Um zunächst einen Überblick über die vorliegenden Verhältnisse zu erhalten, wurde aus diesen Gründen von einer unmittelbaren Berechnung der Verdunstung, ihrer kartographischen Darstellung und der nachträglichen Zeichnung der Differenzkarte gegenüber der Niederschlagskarte vorerst abgesehen. Es wurde vielmehr unmittelbar die Differenzkarte Verdunstung minus Niederschlag gezeichnet, indem von der Feststellung von Wüst (3) Gebrauch gemacht wurde, daß der Oberflächensalz-

Breite	Pazifischer Ozean		Indischer Ozean		Atlant. Ozean	
	S ‰	V-N cm/Jahr	S ‰	V-N cm/Jahr	S ‰	V-N cm/Jahr
N 60°					35.00	−50
50					35.40	−15
40	33.64	1			35.80	18
35	34.10	27			36.46	43
30	34.77	51			36.79	67
25	35.00	72			36.87	98
20	34.88	68	35.05	51	36.47	110
15	34.67	46	35.07	52	35.92	83
10	34.29	−4	34.92	37	35.62	31
5	34.29	−75	34.82	18	34.98	−39
0	34.85	18	35.14	−6	35.67	20
S 5	35.11	40	34.93	−46	35.77	99
10	35.38	35	34.57	−57	36.45	121
15	35.57	40	34.75	38	36.79	119
20	35.70	51	35.15	84	36.54	102
25	35.62	55	35.45	99	36.20	84
30	35.40	46	35.89	76	35.72	71
35	35.00	33	35.60	61	35.35	44
40	34.61	−3	35.10	10	34.65	9
45	34.32	−21	34.25	−15	34.19	−9
50	33.16	−41	33.87	−36	33.94	−29

Tabelle 1.
Oberflächensalzgehalt und Verdunstungsüberschuß nach Wüst

gehalt der Ozeane weitgehend parallel mit der Differenz Verdunstung minus Niederschlag geht. Andererseits kann für die Verhältnisse der Festlandverdunstung von der bekannten Tatsache ausgegangen werden, daß die von den Flüssen in das Meer gebrachte Wassermenge die Feststellung des mittleren Niederschlagsüberschusses über die Verdunstung in ihrem Stromgebiet ermöglicht.

In Tabelle 1 sind die Zahlenwerte zusammengestellt, die nach Wüst die Beziehung der Größe Verdunstung minus Niederschlag zu dem Oberflächensalzgehalt der Ozeane zeigen. Nach den nördlichen Breiten des Atlantischen Ozeans ließ sich die Tabelle durch die Untersuchungen von A l b r e c h t (4) für die Breitengrade 50° und 60° ergänzen. Trägt man die Tabellenwerte von Salzgehalt und Verdunstung minus Niederschlag in ein Koordinatensystem ein, so fand Wüst, daß sie innerhalb einer größeren Anzahl von Breitengraden eine gradlinige Abhängigkeit voneinander ergeben. Für den Atlantischen Ozean bestehen annähernd lineare

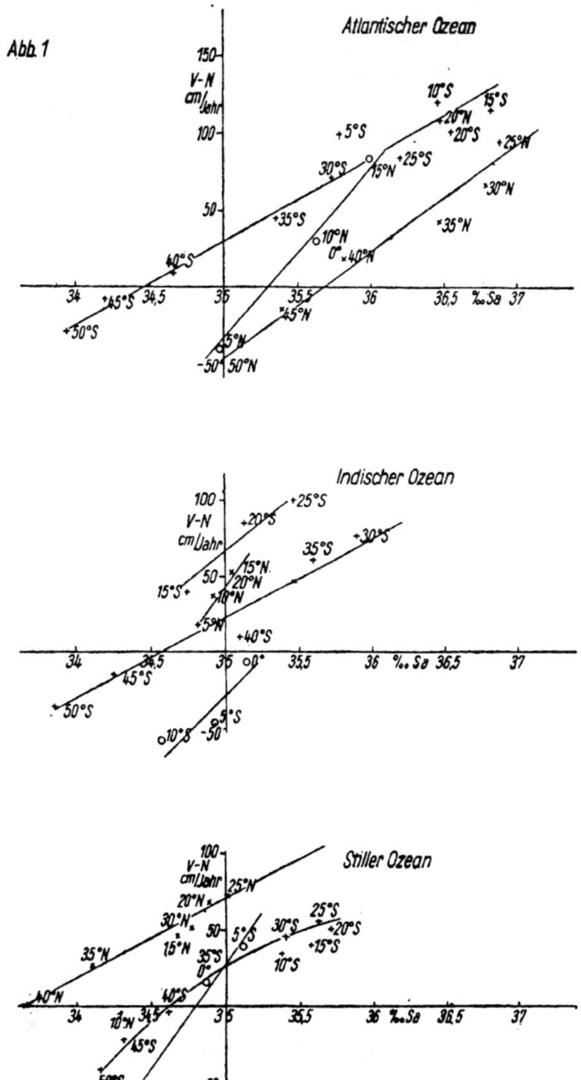

Abb. 1. Der Zusammenhang zwischen dem Oberflächensalzgehalt des Meeres und der Differenz Verdunstung minus Niederschlag in cm/Jahr nach Wüst.

Zusammenhänge von 60° bis 25° N, von 15° N bis 5° N und von 5° S bis 50° S. Im Indischen Ozean von 30° bis 50° S, von 25° bis 15° S und von 20° bis 5° N sowie von 0° bis 10° S. Im Pazifischen Ozean liegen auf gleicher Kurve die Gebiete von 40° bis 15° N und von 10° bis 50° S. Hierbei scheint die Abgrenzung der Meeresgebiete mit verschiedenen Abhängigkeiten des Salzgehaltes vom Verdunstungsüberschuß gegeneinander durch die Zone der größten Verdunstung gegeben zu sein. Am Niederschlagsäquator liegt ein Meeresgebiet, in dem die Abhängigkeit des Niederschlagsüberschusses vom Salzgehalt besonders groß ist. Da es sich im Vorliegenden lediglich um die Ermittlung der Verteilung von V—N längs der Breitenkreise handelt, nachdem schon Wüst die Mittelwerte für die einzelnen Breitenkreise berechnet hatte, genügt für die Betrachtungen dieser Arbeit lediglich die Fesstellung des rein funktionellen Zusammenhanges, ohne daß es nötig wäre, auf die Ursachen der verschiedenen Salzgehaltsverteilungen in ihrer Beziehung zum Niederschlagsüberschuß hier näher einzugehen. In Abbildung 1 sind die Zusammenhänge graphisch dargestellt.

Im Gegensatz zu den Verhältnissen über dem Meer kann über dem Lande nur ein Überschuß des Niederschlages über die Verdunstung bestehen. Über die Differenz der tatsächlichen Bodenverdunstung minus Niederschlag während eines Jahres liegen nur wenige Rechnungen vor. Aus den Wärmehaushaltsuntersuchungen für verschiedene Klimagebiete (5) ergibt sich für Potsdam die Größe von 250 mm, für Irkutsk von 100 mm, für Sodankylä in Lappland von 330 mm, für die östliche Gobi von 0 mm, für Batavia von 850 mm und für die Station Eismitte in Grönland 350 mm im Jahr. Bis auf die Gobi und die Station Eismitte wurden alle Beobachtungen über niedrigem, meist aus Gras bestehendem Bewuchs gewonnen. Sie können daher nicht als Maß für die Verdunstung der gesamten Erdoberfläche ohne weiteres angesehen werden. Denn in letzterem Fall wirkt auch die Verdunstung der Gewässer und Wälder mit einem mehr oder weniger höheren Anteil mit. Es kann angenommen werden, daß die tatsächlichen Verdunstungen bis zu 30 % höher als die für diese Stationen berechneten ausfallen werden. Trotzdem sind die für die Stationen mit Grasboden erhaltenen Werte von erheblichem Wert. Sie zeigen z. B., daß die auf dem Wege über die Wildsche Verdunstungswaage gewonnenen Verdunstungswerte für das ganze Jahr in einigermaßen niederschlagsreichen Gegenden sehr wohl zur Bestimmung der wahren Verdunstung herangezogen werden können. (Vgl. die Berechnungen über Potsdam und Batavia in der zitierten Arbeit.) Aus ihnen geht weiter hervor, daß in Gegenden mit starker Schneedecke durch den Wärmeaufwand zur Schmelzung der Schneedecke sowie durch die dort auch meist früh einsetzenden Herbstfröste eine erhebliche zeitliche Beschränkung der Jahreszeit mit starker Verdunstung zustande kommt. Als Beispiel für eine Station mit derartiger Verdunstungsbeschränkung und hohem Niederschlag dient hier Sodankylä. Ähnliche Verhältnisse, aber geringerer Niederschlag bestehen in Irkutsk. Aus den Untersuchungen in Eismitte geht noch hervor, daß in den hohen polaren Breiten die Verdunstung gegenüber dem Niederschlag nur außerordentlich kleine Beträge erreicht.

Ein Maß für die Größe der Differenz Niederschlag minus Verdunstung über größere Gebiete erhält man durch Benutzung der in der Wasserwirtschaft üblichen Beobachtungen der von den Flüssen in das Meer geführten Wassermengen. Diese müssen, wie in der Wasserwirtschaft immer betont wird (6), gleich der Differenz Niederschlag minus Verdunstung in dem ganzen Flußgebiet sein, wenn man hinreichend lange Zeiträume betrachtet. Natürlich sind für die vorliegende Untersuchung nicht alle Flüsse gleich geeignet. Nur unsichere Anhaltspunkte für den Niederschlagsüberschuß erhält man für Flußgebiete, von denen ein wesentlicher Teil im Hochgebirge liegt. Auszuwerten sind dagegen Flüsse mit verhältnismäßig kleinem Gefälle, die durch einigermaßen homogenes Gelände fließen. In der Tabelle 2 sind die in Betracht kommenden Daten für eine Reihe von Flüssen wiedergegeben, soweit sie ohne weiteres erreichbar waren (7).

	Abfluß an der Mündung m³/sec	Fläche des Stromgebietes km²	Abflußhöhe N-V cm/Jahr	Quelle Vgl. Nr. 7 d. Literaturverzeichn.
Themse	65	13 680	15,8	f
Seine	520	76 700	21,8	f
Ems		8 200	27,5	a,f
Weser		37 900	24,7	a,f
Elbe	710	134 900	15,8	a,f
Oder	570	109 000	15,0	a,f
Weichsel	960	193 000	15,8	a,f
Pregel		13 600	15,4	a,f
Memel		91 300	19,6	a
Düna		85 000	19,2	b
Onega		47 600	27,1	e
Petschora (Oberlauf)		65 700	51,1	e
Wolga	10 000	1 409 000	22,5	b,f
Jangtsekiang	22 000	1 872 000	37,4	f
Huangho	3 285	863 000	12,5	b,f
Ob		2 943 000	12–18	d
Lena		2 100 000	7–13	c
Kongo	75 000	3 230 000	73,5	b,f
Niger	25 000	1 200 000	72,8	b,f
Amazonas	120 000	5 700 000	67,0	b,f
Parana	20 000	2 840 000	22,2	b,f
Mississippi	17 500	3 020 000	18,3	f,f
St. Lorenz	10 000	1 366 000	23,2	f,f

Tabelle 2

Die Tabelle zeigt, daß der Abfluß aus dem für Potsdam in Frage kommenden Elbegebiet um fast 10 cm/Jahr geringer ist als er nach den Beobachtungen des Wärmehaushaltes am Observatorium sein müßte. Dieser Unterschied rührt zu einem kleineren Teil daher, daß die Wärmehauhaltsberechnung nicht für das langjährige Mittel der Klimadaten des Observatoriums erfolgte, sondern mit den Zahlen extrem feuchten Jahres 1903 ausgeführt wurde. Zum größten Teil ist er aber durch die Tatsache bedingt, daß das an Wald und Gewässern reiche Flußgebiet der Elbe eine wesentlich höhere Verdunstung aufweist als die trockene Grasfläche der Beobachtungswiese in Potsdam.

Leider waren Angaben über die Wasserführung der finnischen und schwedischen Ströme in Lappland jetzt nicht zu beschaffen, so daß eine unmittelbare Kontrolle darüber fehlt, in welchem Umfange der für Sodankylä in Nordfinnland berechnete Wert des Niederschlagüberschusses durch die dortigen Wälder und Seen vermindert wird. Es ist aber zu erwarten, daß die Differenz zwischen der Verdunstung an der Station und im zugehörigen Flußgebiet geringer ausfällt als in Potsdam, da der Grundwasserstand an der lappländischen Station wahrscheinlich erheblich höher ist. In diese Richtung weist auch die Tatsache, daß die für die Tropenströme Kongo und Amazonas berechneten Abflußhöhen von 73,5 bzw. 67,0 cm/Jahr sogar nicht unwesentlich geringer sind als der Verdunstungswert unter einer Grasnarbe, der bei der einzigen bisher untersuchten Tropenstation Batavia erhalten wurde (85,5 cm/Jahr). In den wasserreichen Tropengebieten besteht also anscheinend kein nennenswerter Unterschied zwischen Wald- und Wiesenverdunstung. Zumal in den Tropen auch die Gewässer nicht viel über 100 cm/Jahr verdunsten können.

Bei den in der Tabelle von Westen nach Osten angeordneten Flüssen des europäischen Flachlandes nördlich der Alpen ist deutlich ein Minimum des Abflußüberschusses bei der Elbe, Oder und Weichsel zu bemerken, während westlich nach der Seine und östlich nach der Wolga hin eine erhebliche Zunahme des Abflusses eintritt. Dieses Minimum hängt damit zusammen, daß in Westeuropa der Niederschlag wesentlich höhere Werte annimmt als bereits in Ostdeutschland. Der Niederschlag im Weser-Emsgebiet beträgt rund 725 mm/Jahr gegenüber rund 600 mm/Jahr im Elbe-Oder-Weichsel-Gebiet. In Osteuropa wird dagegen bei immer noch weiter abnehmendem Niederschlag infolge der starken Ausbildung der Schneedecke und Winterkälte die Verdunstung eingeschränkt. Das Maximum der Differenz N—V liegt anscheinend zwischen Onega und Petschora. Der hohe Wert des Abflusses für die obere Petschora in der Tabelle ist hierbei nur durch die Niederschlagssteigerung durch den Ural zu erklären. Noch weiter nach Osten nimmt die Differenz N—V wieder ab, weil dann der Niederschlag immer geringer wird.

Bei der Behandlung der Verhältnisse im Polargebiet konnte davon ausgegangen werden, daß hier entsprechend den Beobachtungen von Eismitte und auf anderen Polarstationen die Verdunstung recht gering ist. Für die Antarktis konnten die Betrachtungen von Meinardus zugrundegelegt werden.

Für die kartenmäßige Darstellung des Wasserhaushaltes der Erde durch die Größe Verdunstung minus Niederschlag (V—N) wurde die Merkator-Sanson-Projektion gewählt. Sie hat den Vorteil, daß die Parallelkreise als gleichabständige gerade Linien erscheinen, während die Meridiane als Sinuskurven von Pol zu Pol verlaufen, deren gegenseitiger Abstand auf jedem Breitengrad konstant und gleich demjenigen ist, den die Meridiane auf der Kugel auf gleicher Breite haben. Diese Projektion erfüllt demnach auch die Bedingung der Flächentreue. Um eine bessere Übersicht zu erhalten, ist die Erde auf jeder Weltkarte jeweils zweimal dargestellt; einmal mit dem Zentralmeridian Null und einmal mit dem Meridian 180 Grad als Zentralmeridian. Hierdurch werden die Verzerrungen

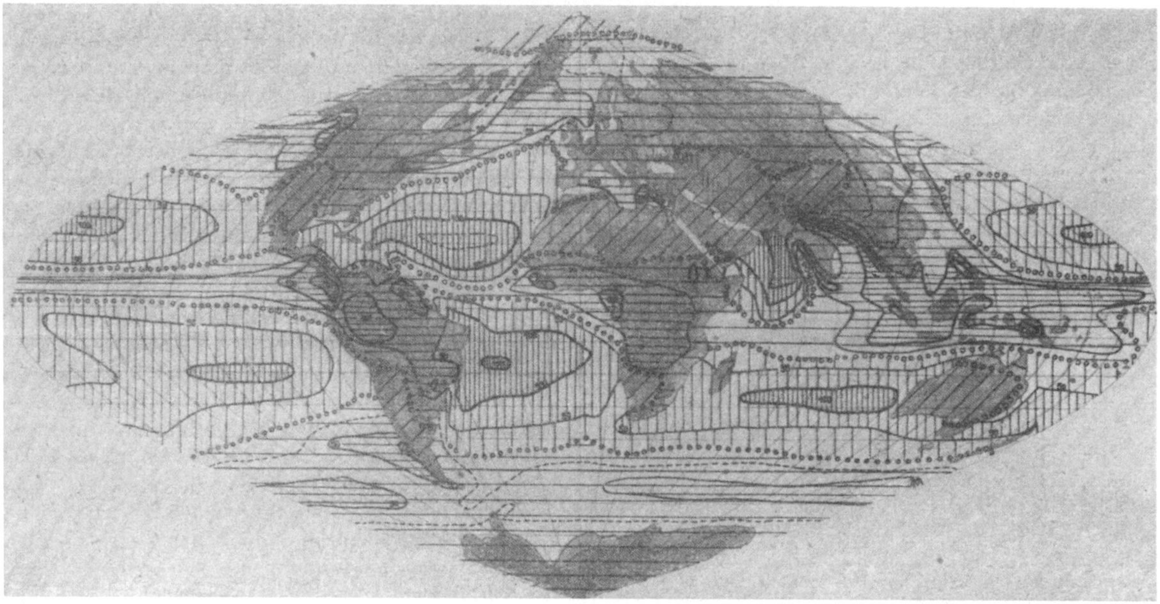

a *)

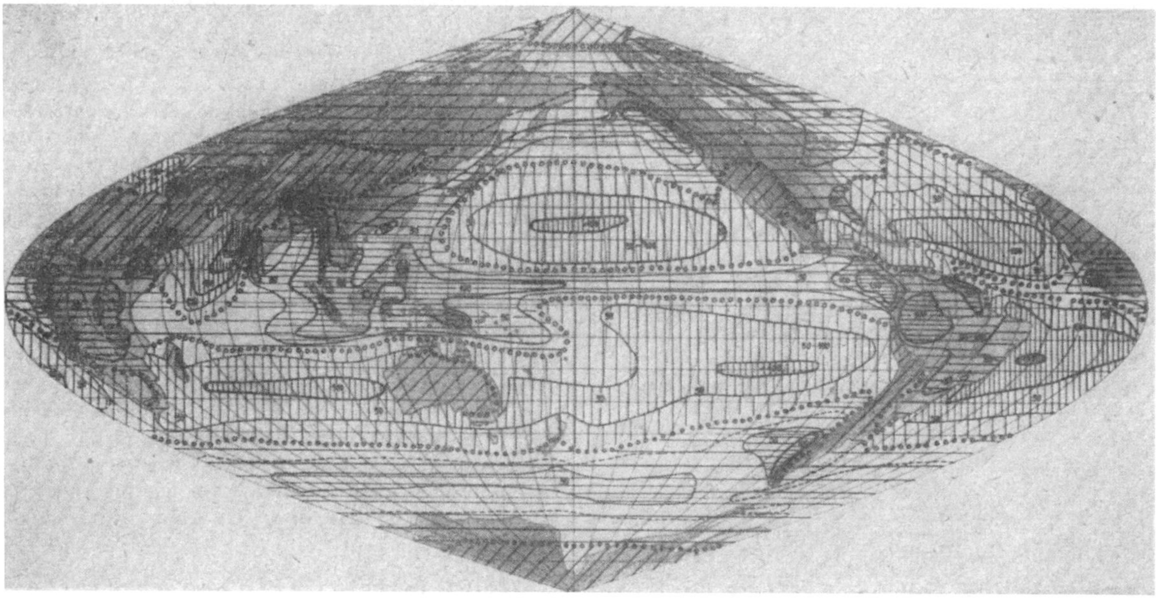

b

Abb. 2. Die Verteilung der Größen Verdunstung minus Niederschlag, senkrechte Schraffur, und Niederschlag minus Verdunstung, waagerechte Schraffur, in cm/Jahr über die Erdoberfläche. a) Meridian Null in der Kartenmitte, b) Meridian 180° in der Kartenmitte.

auf ein erträgliches Maß herabgesetzt und doch auf jedem Einzelbild eine vollständige Darstellung der Erde gegeben.

In der Abbildung 2 a und b ist die kartenmäßige Darstellung des Verdunstungsüberschusses über den Niederschlag in Flächenschraffierung erfolgt. Sie wurde, wie schon ausführlich dargelegt, im wesentlichen über dem Meer auf Grund der Salzgehaltsbeobachtungen der Oberfläche und über dem Land auf Grund der Abflußmenge der Flüsse berechnet (10). Hierbei sind die Verdunstungsüberschußgebiete durch senkrechte, die Niederschlagsüberschußgebiete durch horizontale Schraffur gekennzeichnet. Für die abflußlosen Gebiete wurde eine schräge Schraffur verwandt. Als Stufen wurden 50, 100, 150 und 200 cm/Jahr Niederschlags- bzw. Verdunstungsüberschuß durch verschiedene Strichweite gekennzeichnet. Von den mittleren Breiten polwärts wurde auch noch die Niederschlagsüberschußkurven von 25 cm/Jahr wenigstens angedeutet. Als abflußlos wurden die Gebiete bezeichnet, deren Niederschlagsüberschuß weniger als 5 cm/Jahr beträgt.

Deutlich treten auf der Karte die Gebiete starken Verdunstungsüberschusses in den subtropischen Mee-

*) Anmerkung: In Abb. 2 a unterblieb versehentlich die senkrechte Schraffur des Mittelmeeres, des Roten Meeres und des Persischen Golfes. Das Mittelmeer wurde fälschlich horizontal schraffiert.

ren hervor. Ihnen stehen gegenüber die Gebiete mit einem starken Niederschlagsüberschuß über den tropischen Kontinenten und über Südostasien. Eindrucksvoll hebt sich gegen diese breiten Gebiete mit Niederschlagsüberschuß die geringe Breite des Niederschlagsäquators über den Meeren ab. Nach den Polen zu schließen sich an die Gebiete mit einem starken Verdunstungsüberschuß die Gebiete mit einem mäßigen Niederschlagsüberschuß in den Westwindzonen, der nur an einigen Stellen eine besondere Höhe erreicht. Es sind dies die Gebiete starker Niederschläge an der Küstenkordilliere in Chile und an den Gebirgen im Westen von Kanada und Alaska. In den übrigen Gebieten der mittleren Breiten überschreitet der Niederschlagsüberschuß nur wenig die 50-cm-Grenze. Auch diese Überschreitung findet nur über den Meeren statt, also auf der Nordhalbkugel über dem nördlichen atlantischen und pazifischen Ozean in etwa 60° bzw. 55° Breite; während sich auf der Südhalbkugel ein mindestens 270 Längengrade umfassender Gürtel erhöhten Niederschlages in etwa 55° Breite, um den Südpol legt. Auch in ihm beträgt der Niederschlagsüberschuß nur wenig über 50 cm. Die Festlandmassen in den gemäßigten Breiten der Nordhalbkugel empfangen kaum mehr als 25 cm Niederschlagsüberschuß im Jahr. Das niederschlagsarme Polargebiet beginnt auf der Nordhalbkugel erst in 80° Breite, während es auf der Südhalbkugel bereits in 75° Breite wirksam wird. (In Abb. 2 a ist das Südpolargebiet versehentlich nicht als niederschlagsarm gekennzeichnet.) Bedeutend ist der Niederschlagsüberschuß über Grönland, Spitzbergen und Franz-Josefs-Land. Er muß trotz der großen Meßschwierigkeiten von Niederschlag in Polargegenden nach übereinstimmender Ansicht fast aller Bearbeiter als reell angesehen werden. Die Karte zeigt, daß er durch den Golfstrom bedingt ist.

Durch die bei diesen Niederschlägen frei werdende Kondensationswärme findet eine erhebliche Erwärmung der Luft statt. Die Luft kann sich in solchen Gebieten, wie schon mehrfach ausgeführt, nicht so stark abkühlen, wie über anderen Gebieten ähnlicher Breite, aber mit geringeren Niederschlägen. Demzufolge muß angenommen werden, daß die Verlagerung des winterlichen Kältepoles nach Ostsibirien eine Folge des Golfstromeinflusses ist, der die hohen Niederschläge und die damit verbundene Wärmezufuhr an die Luft noch über 80° Nordbreite hinaus nördlich von Spitzbergen und Franz-Josefs-Land wirksam werden läßt, während in dem winterlich trockenen Ostsibirien in der Höhe eine solche Wärmezufuhr fehlt.

Als weitere interessante Gebiete der Karte sind die Gebiete stärksten Verdunstungsüberschusses im Arabischen Golf, Rotem Meer und östlichen Mittelmeer zu nennen. Extrapoliert man aus den Kurven der Abbildung 1 den Verdunstungsüberschuß aus dem Salzgehalt, so erhält man für diese Gebiete einen Verdunstungsüberschuß bis zu mehr als 200 cm/Jahr. Diese Zahlen werden auf der Erde vermutlich auch nicht vom Kaspischen Meer und dem Aralsee überschritten. Sie sind also als die größten der Erde zu bezeichnen. Die extremen Niederschläge finden alle an Gebirgen statt. Hier sind die asiatischen Monsunregen besonders im Ostteil des Himalaya, die Niederschläge an der Nordwestecke von Südamerika und an der Kamerunküste die weitaus ergiebigsten. Sie alle werden von Strömungen gespeist, die aus dem Ostteil der Verdunstungsüberschußgebiete im südlichen Indischen, Pazifischen und Atlantischen Ozean kommen.

Wie schon erwähnt, finden sich über den Tropen weiträumige Gebiete mit stärkerem Niederschlagsüberschuß nur über den Kontinenten und in dem mit Inseln stark durchsetzten Gebiet von Insulinde, während über den Weltmeeren der Niederschlagsäquator nur als ein schmales Band erscheint. Die Erklärung für diese Erscheinung ist dadurch gegeben, daß über den Meeren eine thermische Konvektion an sich nicht zustande kommen kann. Denn die Voraussetzung hierfür ist eine starke Überhitzung der Unterlage, die nur bei festem Boden eintreten kann. Im großen gesehen findet also nur über den Landgebieten die großräumige vertikale Umlagerung statt, die, von Wärmegewitterbildung und stärksten Niederschlägen begleitet, die Tropenzone kennzeichnet. Über den Meeren kommen Niederschläge nur bei dem gegenseitigen Überschieben von Luftmassen, also bei Konvergenz, zustande (11). In der Gegend des Niederschlagsäquators ist dies durch die Begegnung der beiden Passate von der Nord- und Südhalbkugel ohne weiteres gegeben. Durch diese Betrachtung wird auch klar, weshalb der Niederschlagsäquator über den Meeren im Jahresgang seine Lage nur um wenige Grade nach Norden und Süden ändert. Denn der Strömungsäquator der Erde kann sich schon aus Symmetriegründen im Laufe eines Jahres kaum viel verschieben (12). Im Gegensatz hierzu weisen die über den großen Festländern bzw. Inselkomplexen liegenden tropischen Niederschlagsgebiete deutlich die doppelte Jahreswelle der Niederschlagskurve mit den Maximis zu den Solstitien auf (13), weil die Tätigkeit der thermischen Konvektion natürlich eng mit dem Bestrahlungszustand zusammenhängt.

Da in den Karten sowohl die Verdunstungsgebiete als auch die Niederschlagsüberschußgebiete dargestellt sind, liegt es nahe, auch Betrachtungen über die mittleren Wege der wasserführenden Luftmassen von den Gebieten mit Verdunstungsüberschuß zu denen mit Niederschlagsüberschuß zu zeichnen. Dies ist in den Karten 3 a und b versucht worden. In ihnen sind die Verdunstungs- und Niederschlagsüberschußgebiete nur angedeutet und der Hauptwert auf die Pfeile gelegt, die die Niederschlagswege über die Erdoberfläche annähernd angeben sollen. Selbstverständlich können derartige Pfeile nur ein ziemlich rohes Bild der Richtung der wirklich stattfindenden mittleren Luftversetzungen geben. Sie lassen aber trotzdem erkennen, welche Niederschlags- und Verdunstungsüberschußgebiete miteinander in Beziehung stehen. Was die Verhältnisse von Europa betrifft, so wird aus ihnen vor allem klar, daß ganz Europa und Nordasien sein Niederschlagswasser aus dem Gebiete des Nordpassats des Atlantischen Ozeans, also aus dem Azorenhoch, bezieht. Auch Nordamerika erhält sein Niederschlagswasser aus diesem Verdunstungsgebiet (Niederschlagsweg c). Mit c' ist ein Niederschlagsweg bezeichnet, der im Winter (Dezember bis Februar) das untere Mississippigebiet vom Golf von Mexiko her mit Niederschlagswasser versorgt. Ein weiterer großer Niederschlagsweg wurde über dem Nordatlantik eingezeichnet (b). Er versorgt das große Niederschlagsüberschußgebiet zwischen Neufundland und Island. Bei ihm

a

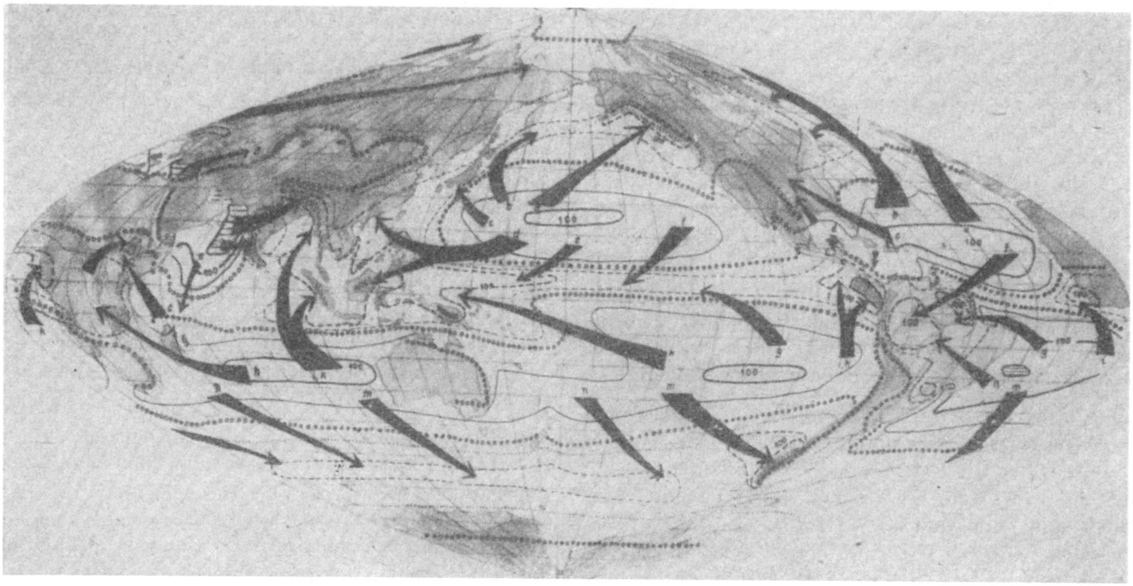

b

Abb. 3. Die hauptsächlichsten Niederschlagswege auf der Erde. a) Meridian Null in der Mitte, b) Meridian 180° in der Mitte.

findet, wie in der Darstellung anzudeuten versucht wurde, der Niederschlag besonders auch auf der Nordseite der Zyklonenzentren statt. Bei den beiden anderen, vom Azorenhoch nach Nordwesten bzw. Nordosten gehenden Niederschlagswegen a und c ist natürlich die Warmfront der Zyklonen der eigentliche Niederschlagsträger. Das Azorenhoch liefert außerdem, wie besonders aus der Niederschlagskarte von Südamerika hervorgeht (14), auch für das Amazonasgebiet einen großen Teil des Niederschlages. Die Dauer dieser Wasserzufuhr reicht von Dezember bis Juli. Demgegenüber ist die Zeit des stärksten Niederschlages im nördlichen Atlantik die Zeit von September bis Dezember. Die früher angestellten Berechnungen ergaben, daß um diese Zeit auch die Verdunstung in diesem Gebiet am stärksten ist. Einige Beispiele für die tatsächlich im einzelnen vorkommenden Luftmassenbahnen aus dem Azorenhoch gibt die Abb. 4 wieder. In ihr sind die Trajektorien der Luftmassen dargestellt, die im Januar 1939 und Juli 1938 drei Punkte im Gebiet des Azorenhochs überwehten (15). Hierbei bedeuten die Endpfeile der Luftmassen gewöhnlich auch die Stellen, an denen sie endgültig durch sie unterfließende kältere unter Niederschlagsausfall vom Boden abgehoben wurden.

Das dem Azorenhoch im Nordatlantik entsprechende Passatgebiet im Südatlantik beliefert während der Monate November bis März das Amazonasgebiet vom Südosten her und vom Februar bis Juli vom Ostnordosten her entlang der Nordküste von Brasilien (Niederschlagswege h und g). Dieses Verdunstungsgebiet gibt auch Wasser an das Westafrikanische Niederschlagsgebiet (Niederschlagsweg i) und nach Kamerun (Niederschlagsweg k), sowie überhaupt an das Kongogebiet

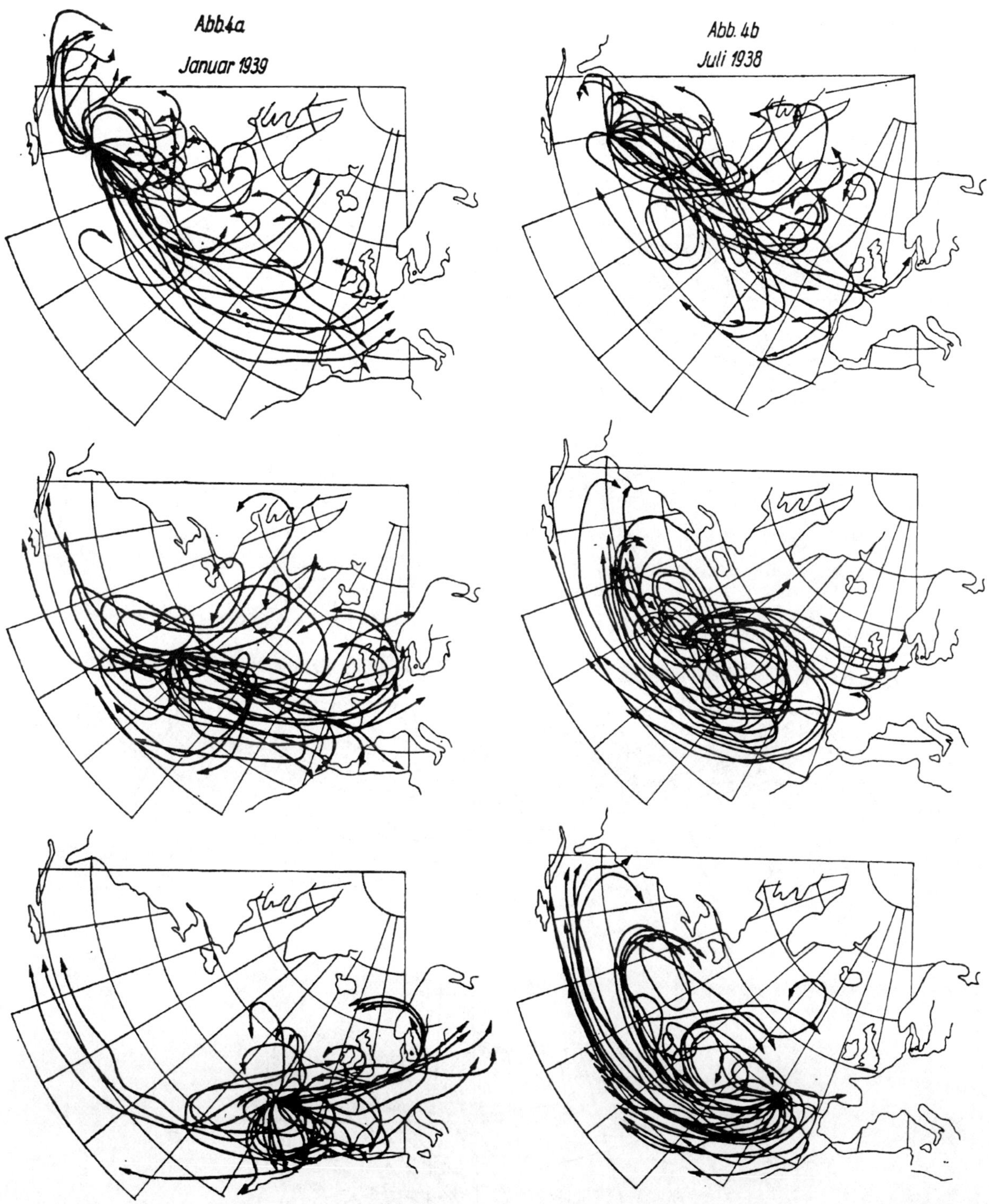

Abb. 4. a) Trajektorien der Luftmassen, die an den Tagen des Januar 1939 drei verschiedene Punkte des Nordatlantik überflossen.

Abb. 4. b) Trajektorien der Luftmassen, die an den Tagen des Juli 1938 drei verschiedene Punkte des Nordatlantik überflossen.

ab. Die Niederschlagsabgabe längs dieser letzteren beiden Wege erfolgt weit überwiegend von Mai bis September bzw. Juni bis Oktober. Demgegenüber folgt der Niederschlag im Kongogebiet dem Sonnenstande. Mit anderen Worten verlagert sich der Niederschlagsweg k mit dem Sonnenstande parallel zu sich selbst längs der Westküste des äquatorialen Afrikas. Aus dem Süden des Südatlantischen Verdunstungsgebietes führt ein Niederschlagsweg m nach dem Niederschlagsüberschußgebiet in 55° S und trifft ihn im allgemeinen etwa südlich von Afrika, soweit für diese Wasserverschiebung auf breiter Front überhaupt die Bezeichnung „Niederschlagsweg“ noch benutzt werden kann. Für die Bahnen dieser Wasserverfrachtung, die den Niederschlagswegen a und b im Nordatlantik entsprechen, ist eine starke jahreszeitliche Änderung nicht anzunehmen.

Januar 1928

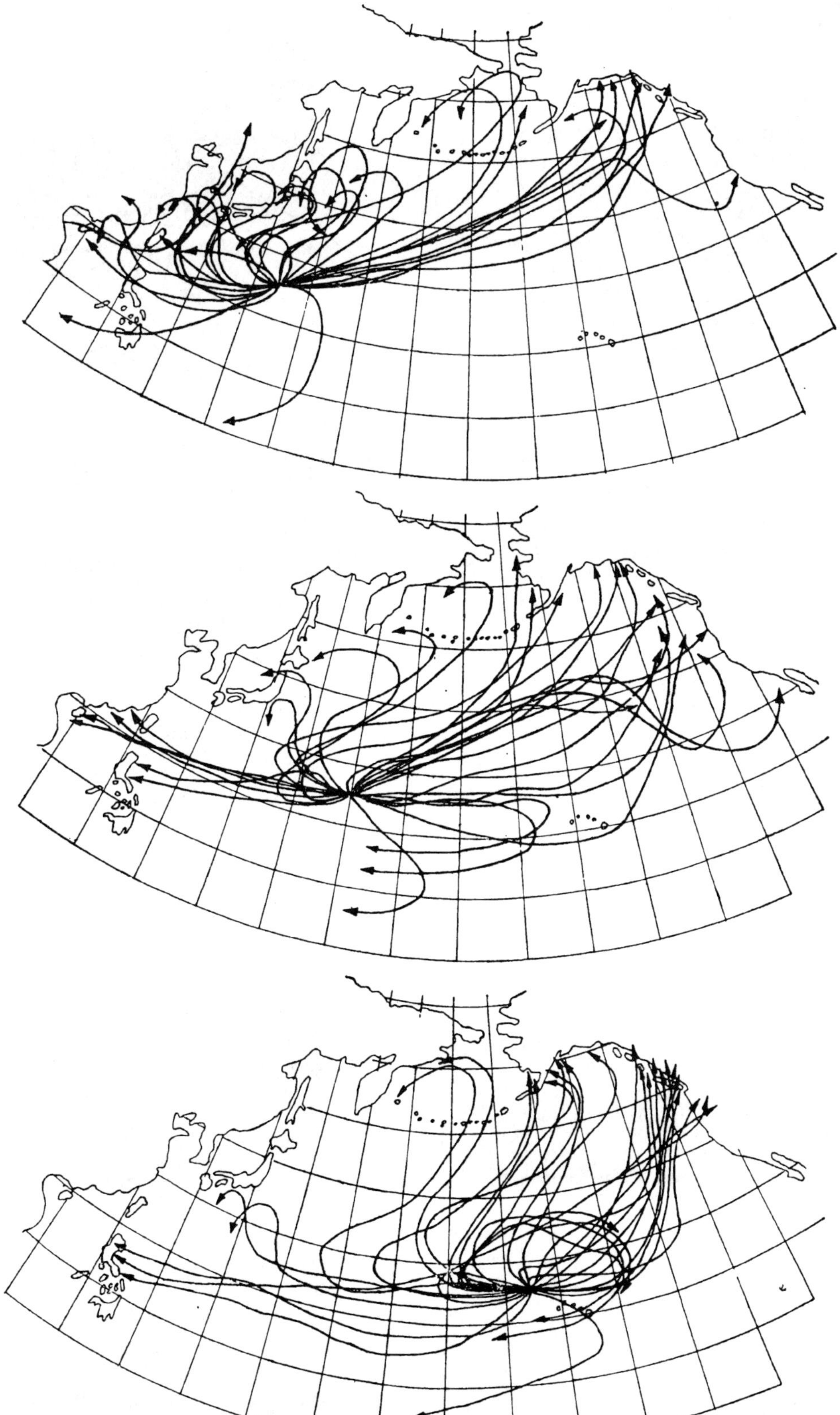

Abb. 5. a) Trajektorien der Luftmassen, die an den Tagen des Januar 1928 drei verschiedene Punkte des Nordpazifik überflossen.

Juli 1928

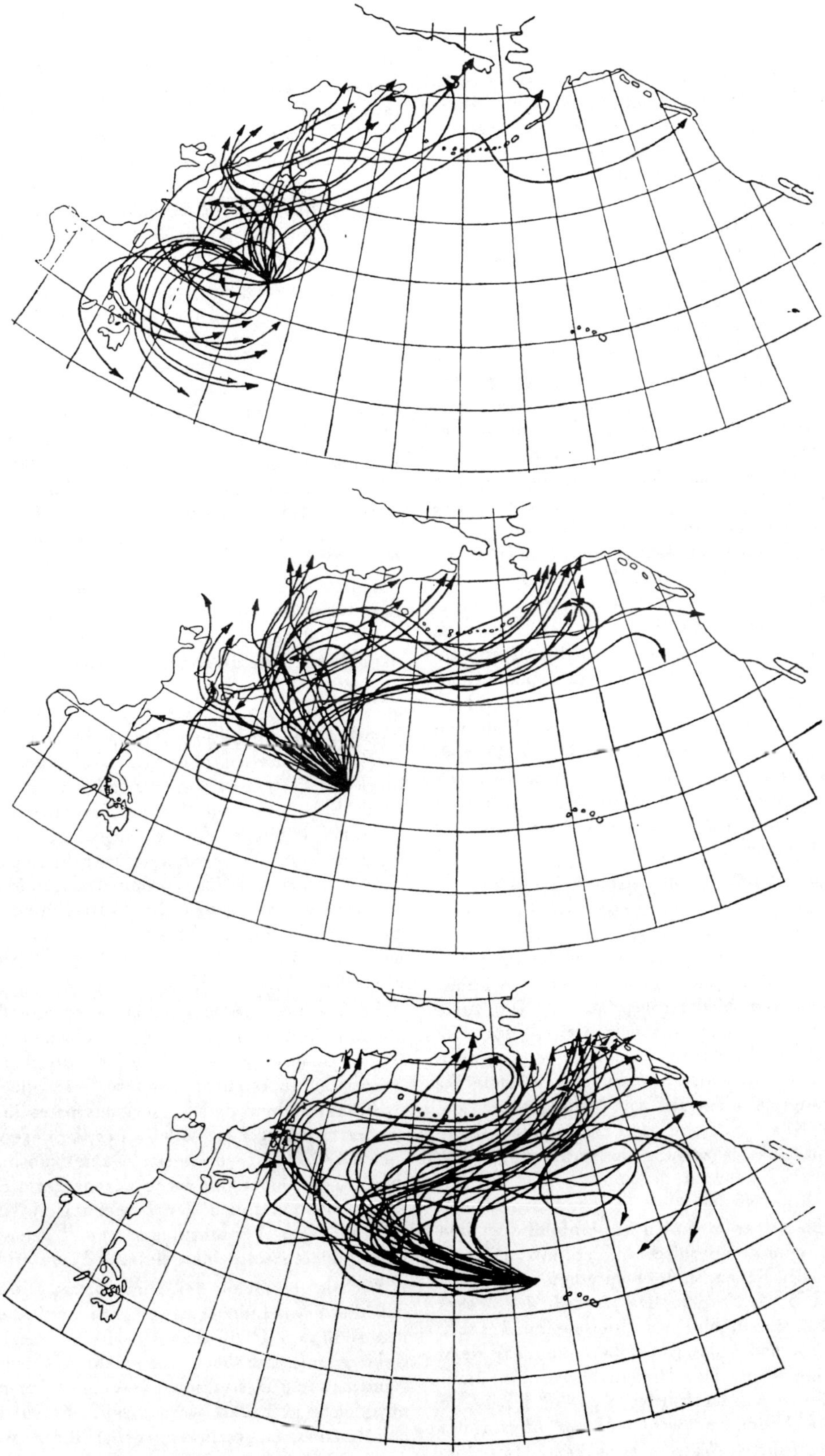

Abb. 5. b) Trajektorien der Luftmassen, die an den Tagen des Juli 1928 drei verschiedene Punkte des Nordpazifik überflossen.

Ähnlich wie für den Indischen Ozean die Stationen Kerguelen (16) und Macquarie-Insel (17) keinen wesentlichen jährlichen Gang des Niederschlages aufweisen.

Für den Stillen Ozean läßt sich eine gleiche Gliederung der Niederschlagswege annehmen. Doch wirkt sich in diesem Ozean der Asiatische Monsun entscheidend auf alle Strömungsvorgänge aus, zu dem wegen der verhältnismäßigen Kleinheit des kanadischen Festlandes im atlantischen Raum kein Gegenstück besteht. Für die von dem nördlichen Verdunstungsgebiet ausgehenden Niederschlagswege ergibt die Zeichnung der Trajektorien (18) das Vorherrschen von zwei Bahnen a und b, die den gleich bezeichneten im Atlantik äußerlich entsprechen. Es wird aber die Bahn b fast nur in der Zeit des Sommermonsuns benutzt, während auf der Bahn a der Transport des Niederschlagswasssers vorwiegend während des Herbstes und Winters erfolgt. Der Weg a trifft auf die Küstenkette der Anden in den Vereinigten Staaten, Kanada und Alaska, also auf das Kaskadengebirge, die Seealpen und das Alaskagebirge und gibt dort sein gesamtes Niederschlagswasser ab. Die in der Abbildung 5 dargestellten Trajektorien für Januar und Juli 1928 mit den Ausgangspunkten 25° NB und 145° und 165° EL bzw. 165° WL zeigen, wie im einzelnen diese Niederschlagswege zustande kommen. Sie lassen z. B. auch erkennen, daß der Niederschlagsweg c beonders während des Sommermonsuns Wasser nach Japan bringt. Ganzjährig wird vor allem aber die Niederschlagsbahn d benutzt, die die Philippinen und Insulinde von Osten her mit Wasser versorgt. Der Zweig zur Südchinaküste bildet sich besonders im Sommer aus. Die Niederschlagswege e und f deuten den Wassertransport aus dem Passatgebiet nach dem Niederschlagsgürtel des Niederschlagsäquators an.

Im südlichen Pazifik ist die Bahn h besonders ergiebig. Sie bringt aus dem großen südlichen Verdunstungsgebiet während des ganzen Jahres Wasser nach dem Raum um Neuguinea. Die Strömung g entspricht dem Niederschlagsweg f im Norden. Sie schafft nur Wasser an den Niederschlagsäquator. Die Strömungen i und k bringen aus dem Ostteil des südlichen pazifischen Verdunstungsgebietes die großen Wassermassen an die Nordwestecke von Südamerika und an den angrenzenden Teil von Mittelamerika, die dort an den Küstengebirgen zum Niederschlag kommen. Während k das ganze Jahr hindurch benutzt wird, werden auf i nur während der Monate Mai bis November erhebliche Niederschlagsmengen herangeführt. Die Niederschlagswege m und n versinnbildlichen den Ausfluß aus dem südpazifischen Verdunstungsüberschußgebiet nach Süden und entsprechen somit den Wegen a und b im Norden. Da westlich des Weges von n ein Kontinent, also ein Monsuneinfluß fehlt, ist anzunehmen, daß n das ganze Jahr hindurch ziemlich gleichmäßig fließt. Der Niederschlagsweg m trifft in gleicher Weise wie im Norden a in 40° bis 55° S Breite auf die Anden und wird hier zur Abgabe des gesamten mitgeführten Wassers gezwungen. Der Niederschlag erfolgt vorwiegend im Südwinter von März bis September.

Im Indischen Ozean kann naturgemäß nicht die Rede davon sein, daß die Niederschlagswege denen entsprechen, die im Atlantik und Pazifik die gleiche Bezeichnung tragen. Entscheidend ist für das Zustandekommen aller Luftströmungen im Indischen Ozean der Monsun. Er veranlaßt als Südwestmonsun im Nordsommer das Entstehen der Niederschlagswege a und b, die das Niederschlagswasser aus dem intensiven Verdunstungsgebiet im Arabischen Golf an den Himalaya bzw. an die Westküste von Vorderindien bringen. Die Zeit des Sommermonsuns, in der diese Strömungen bestehen, dauert von Juni bis Oktober. Aus dem Indischen Ozean südlich des Niederschlagsäquators stammt die Niederschlagsbahn c, die im Sommer von Mai bis Juli Wasser über Kenia bis nach Abessinien führt (19).

Der im Nordwinter über dem Arabischen Golf herrschende Nordostmonsun läßt das im Golf verdunstete Wasser bereits in dem tropischen Niederschlagsgürtel wieder herausfallen und gibt so zu den im Nordwinter beonders hohen Niederschlägen auf den Seychillen Veranlassung (21). Im Nordwinter (Dezember bis März) werden auch auf dem Niederschlagswege h wasserführende Luftmassen aus dem Passatgebiet des Südindischen Ozeans im Zuge des Passats nach Nordwesten geführt. Sie gelangen über Madagaskar nach dem Sambesi und von dort nach dem Kongobecken (20). Die größte Wassermenge wird aber aus dem Osten des Passatgebietes des Südindischen Ozeans zunächst im Zuge des Passats nach Nordwesten und dann unter Umbiegung unter Einfluß der Monsunströmung nach Norden an die Küsten Birmas und Sumatras befördert (Niederschlagsweg i und k). Hierbei kommt es schon in dem Gebiet der Stillen südwestlich von Sumatra zu erheblichen Niederschlägen, während die Hauptwassermassen erst beim Auftreffen auf die Gebirge des Festlandes zum Ausfall kommen. Der Weg i wird in der Zeit von Mai bis November benutzt, während auf k einige Monate länger, nämlich von April bis Dezember Niederschlagswasser herangeführt wird. Von der Südseite des Verdunstungsgebietes des Südindischen Ozeans gehen die Luftströmungen m und n aus, die als Warmluftsektoren der dort vorbeiwandernden Zyklonen den Niederschlag im Niederschlagsüberschußgebiet um 55° S erzeugen.

Es mag hier nochmals betont werden, daß, wie schon die Abbildungen 4 und 5 zeigen, die hier angegebenen Niederschlagswege nicht eigentliche Straßen der Warmluftmassen darstellen, sondern nur die allgemeine Richtungstendenz des Wassertransportes in der Atmosphäre wiedergeben sollen, der sich gewöhnlich in einem wesentlich breiteren Gebiet abspielt, als es durch den Niederschlagsweg angedeutet werden kann. Zur Deutlichmachung der Beziehung zwischen zusammengehörigen Verdunstungs- und Niederschlagsüberschußgebieten erscheinen sie aber kaum entbehrlich.

Wichtig erscheint bei allen diesen Betrachtungen, daß die Westwindtrift sowohl des nördlichen als auch des südlichen Pazifischen Ozeans an den Anden auf Gebirge mit Paßhöhen von mehr als 3000 m trifft. Nennenswerte Wassermengen können über diese Höhen nicht mehr gefördert werden, und die sie überwehenden Luftmassen verlieren vorher ihren Wassergehalt durch Niederschläge. Die Folge davon sind ganz allgemein höhere Niederschläge im Pazifischen Ozean als auf gleicher Breite im Atlantischen Ozean (22). Auch der Nordostpassat des Pazifischen Ozeans ist niederschlagsreicher als die entsprechende Strömung des Atlantik (23). Ebenso wie in den mittleren nördlichen

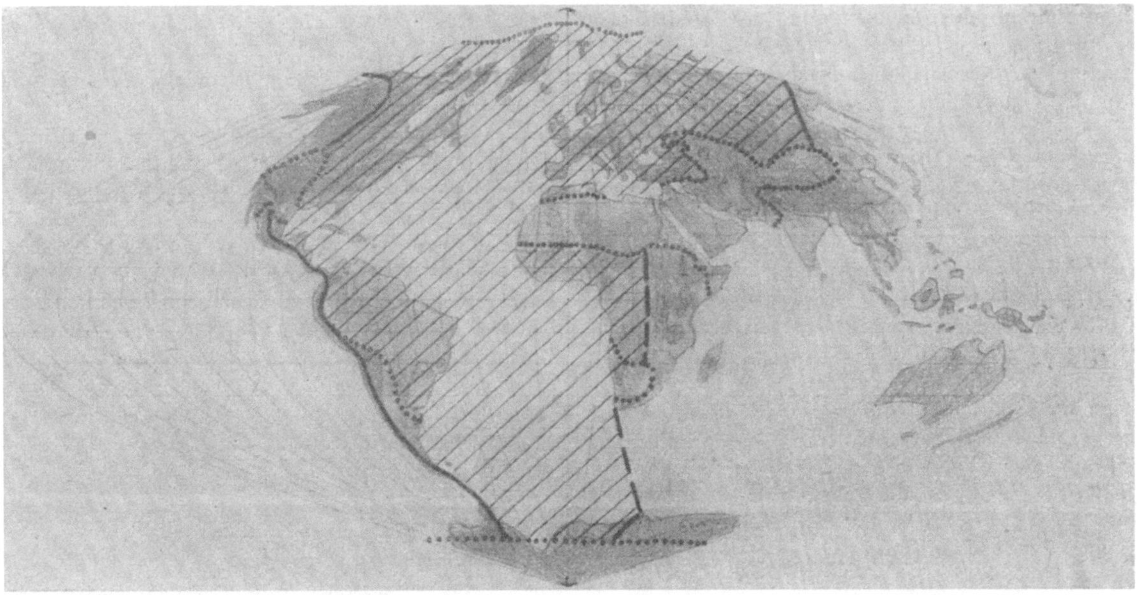

a

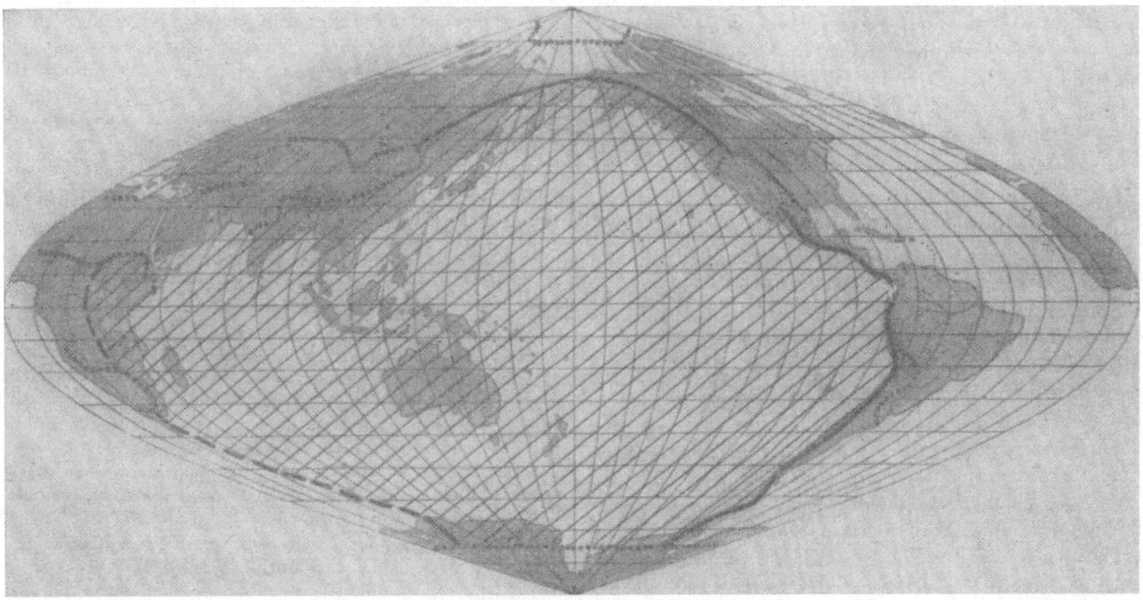

b

Abb. 6. a) Die Landseite der Erde, b) Die Wasserseite der Erde.

und südlichen Breiten wirken die Anden auch in Mittelamerika nördlich von Panama bis Mexiko, wie die Niederschlagskarten dieser Gegend zeigen, als fast vollständige Niederschlagsscheide. Dasselbe gilt für den unmittelbar an Mittelamerika anschließenden äußersten Nordwestteil von Südamerika. Auch über die nach Süden und Norden an diese Gebiete bis zum 40. Grad nördlicher und südlicher Breite anschließenden Andenteile würde kein nennenswertes Niederschlagswasser hinüberlangen, wenn nicht ohnehin die atmosphärische Zirkulation hier für größere Wasserdampfmengen unüberschreitbare Wüstengebiete hätte entstehen lassen.

So bilden die Anden einen für Wasserdampf beinahe unübersteigbaren Sperriegel in der Lufthülle der Erde, der die den Parallelkreisen folgende atmosphärische Zirkulation senkrecht durchschneidet. Sie trennen damit die Erdkugel in eine westlich von ihnen gelegene Wasserseite und eine östlich von ihnen liegende Landseite. Die Wasserseite umfaßt den gesamten Pazifischen Ozean und Indischen Ozean und reicht bis in den diese Ozeane westlich begrenzenden Landgebieten so weit nach Westen, als die vom Meere kommenden Monsunströmungen ihren Niederschlag tragen. Die Landseite umfaßt den übrigen Teil der Erdoberfläche. In Abbildung 6 ist die Wasser- und Landseite der Erde in der Zeichnung dargestellt. Da die Westbegrenzung der Wasserseite der Erde zum großen Teil durch die innerasiatischen und afrikanischen Wüstengebiete erfolgt, bestehen bei der Abgrenzung lediglich in Sibirien und in Innerafrika zunächst Zweifel. Sie lassen sich in Sibirien durch die Beachtung der Windrichtungen zur Hauptniederschlagszeit verhältnismäßig leicht lösen und erfordern lediglich in Innerafrika eine zunächst noch umstreitbare Festsetzung. Vorläufig wurde hier der 25. Längengrad zwischen der Kalahari und der Sahara als Grenze angenommen. Da von der Wasserseite der Erde auch ein großer Teil, aber nicht der ganze Niederschlag in der Antarktis geliefert wird, mußte auch in der Antarktis eine Grenze zwischen der Land- und der Wasserseite festgelegt werden. Sie ist hier gleichbedeutend mit der Grenze zwischen den vom Atlantischen und den vom Indischen Ozean herstammenden Niederschlägen. Diese Grenze wurde vom Kap Agulhas nach dem Enderby-Land gezogen. Die Ostgrenze der Wasserseite südlich von Südamerika verläuft zwanglos von Kap Horn nach der Nordspitze des Grahamlandes. Nach dieser Definition umfaßt die Wasserseite der Erde alle vom Indischen und Stillen Ozean bewässerten Teile der Erdoberfläche, während die Landseite ausschließlich vom Atlantischen Ozean her mit Wasser versorgt wird.

Die Fläche der Festlandgebiete, ohne die Wüsten, die der Atlantische Ozean allein mit Wasser zu versorgen hat, ist etwa doppelt so groß wie die vom Indischen und Pazifischen Ozean versorgten Festlandgebiete. Noch extremer liegen die Verhältnisse für das Landgebiet von Nordamerika und Europa-Sibirien. Beide Gebiete und der Nordatlantik werden nur aus dem nördlichen und westlichen Azorenhoch mit Niederschlagswasser beliefert.

Nun haben die bisherigen Untersuchungen des Wärmehaushaltes gezeigt, daß im Winter die bei der Kondensation des Niederschlagswassers freiwerdende Wärme die wichtigste Wärmequelle für die Atmosphäre der mittleren Breiten bildet (24). Die tiefen Wintertemperaturen in Kanada können also auf die verhältnismäßige Niederschlagsarmut dieses Gebietes im Winter zurückgeführt werden und damit letzten Endes auf seine Absperrung von den Wassermengen des Stillen Ozeans durch die Anden. Ganz allgemein aber veranlaßt die verhältnismäßig geringe in der Luft zur Umsetzung gelangende Wassermenge über den Festlandgebieten von Nordamerika und Europa-Sibirien verhältnismäßig kalte Winter. Sie werden für Europa allerdings durch das Bestehen des Golfstromes gemildert. Durch ihn werden nämlich erhebliche Wärmemengen nach Norden geführt, die z. B. beim Kuro-Schio zur Verdunstung im Passatgebiet aufgewendet werden und dort die latente Wärme im Zuge der Passatströmung nach Süden verfrachten.

Nach diesen Betrachtungen ist anzunehmen, daß bei sonst gleichen Verhältnissen, aber ohne Bestehen der Andenkette, in Nordamerika, aber auch in Europa-Sibirien bei wesentlich höheren Niederschlägen erheblich wärmere Winter herrschen würden. In paläoklimatischer Hinsicht würde das bedeuten, daß erst nach Aufwölbung der Anden in der späteren Tertiärzeit (25) die winterlichen Kältegrade so hoch wurden, daß entsprechend der Theorie von Minlankowitsch Eiszeiten in periodischer Folge entstehen konnten. Auch die für das Jungtertiär dann zu fordernden starken Niederschläge sind, zum mindesten für die mitteleuropäische Braunkohlenzeit, erwiesen (26).

Über derartige Betrachtungen hinaus gewährt die hier vorgenommene Zweiteilung der Erde mit Rücksicht auf ihren Wasserumsatz den Vorteil, daß es nunmehr möglich ist, den Wasserhaushalt eines jeden dieser Gebiete getrennt zu behandeln. Es lassen sich nunmehr Untersuchungen der Verdunstung und des Niederschlages im Indopazifischen Raum durchführen, die endlich Klarheit über die Reduktionsfaktoren erwarten lassen, mit denen Niederschlag und Verdunstung belegt werden müssen, um Gleichheit zwischen beiden Größen zu erzielen. Auch der Strahlungsumsatz kann dann zur Kontrolle dieser Größen herangezogen werden. Die in der vorliegenden Arbeit benutzte Wüstsche Reduktion (27) der Schottschen Niederschlagswerte mit dem Faktor 0,72 erscheint noch etwas zu hoch, da bei der Planimetrierung der Wasserseite der Erde der gesamte Verdunstungsüberschuß als etwas größer als der Niederschlagsüberschuß erschien.

Zusammenfassung:

Die Größe Verdunstung minus Niederschlag oder ihr negativer Wert Niederschlag minus Verdunstung ist sowohl für den Wasserhaushalt von Meer und Land als auch für den Wärmehaushalt der Luft von erheblicher Bedeutung. Ihre Verteilung über die Erdoberfläche läßt sich, wenn man von der an sich auch möglichen umständlicheren Berechnung im einzelnen zunächst absieht, für die Meere in Weiterverfolgung von Betrachtungen von G. Wüst aus dem Salzgehalt der Meeresoberfläche und für das Land aus dem Abfluß der Flachlandströme ermitteln. Das Ergebnis dieser Untersuchungen bildet eine Karte der Verteilung von Niederschlags- und Verdunstungsüberschuß über die Erdoberfläche, die in der Arbeit wiedergegeben ist.

Durch diese Darstellung läßt sich besonders die Verlagerung der winterlichen Kältepole auf der Nordhalbkugel nach dem Innern Sibiriens durch die Lufterwärmung erklären, die das eigentliche Polargebiet infolge der verhältnismäßig hohen, vom Golfstrom verursachten Winterniederschläge erfährt. In den Tropen fällt der Unterschied der breiten Zone mit Niederschlagsüberschuß über den Landgebieten gegenüber dem schmalen Niederschlagsäquator über den Meeren besonders auf. Er findet seine Erklärung durch das Fehlen der Wärmegewitter über dem Meer. Aus diesem Grunde bleibt auch die starke Verschiebung der Niederschlagszone mit dem Sonnenstande in den Tropen an die Landgebiete gebunden, während der Niederschlagsäquator über den Meeren nur verhältnismäßig kleine jahreszeitliche Verschiebungen erfährt.

Das in der Karte deutlich hervortretende Nebeneinander von Verdunstungs- und Niederschlagsgebieten legt den Versuch zur Zeichnung der Niederschlagswege zwischen beiden Gebieten nahe. Die hauptsächlichsten Niederschlagswege und die Zeit ihrer Benutzung werden besprochen und Vergleiche dieser idealisierten Luftmassenbahnen mit den einzelnen Trajektorien während eines Sommer- und eines Wintermonats für den nördlichen Atlantischen und Stillen Ozean durchgeführt.

Als wesentliches Ergebnis dieser Betrachtungen erscheint die Zweiteilung der Erde durch die Kette der Anden in eine westlich von ihnen gelegenen Wasser- und eine östlich von ihnen liegende Landseite. Die Wasserseite umfaßt den Indischen und Stillen Ozean mit ihren Randgebieten, die bis an die afrikanischen und asiatischen Wüsten reichen; die Landseite den größten Teil der Festländer der Erde, die vom Atlantischen Ozean mit Wasser versorgt werden. Die Tatsache, daß die Meere zwei Drittel der Erdoberfläche bedecken, kommt also für die Wasserversorgung des größten Teiles der Festländer nicht zur Wirkung. Besonders ungünstig stellt sich die Wasserversorgung für die Landmassen von Europa-Sibirien und Nordamerika, die allein aus dem

Azorenhoch stattfindet, das seinerseits noch erhebliche Wassermengen nach Südamerika abgibt. Die Winterkälte in Kanada und Ostsibirien in verhältnismäßig niedrigen Breiten findet in dem Mangel an Kondensationswärme in der Luft bei fehlendem Winterniederschlag ihre zwanglose Erklärung.

Es wird darauf hingewiesen, daß erst seit der Hebung der Anden gegen Ende der Tertiärzeit die periodischen Eiszeiten eintraten, die demzufolge mit der jetzt bestehenden Zweiteilung der Erde in Zusammenhang gebracht werden.

Schrifttumverzeichnis.

(1) Vgl. z. B. *F. Albrecht*, Met. Zeitschr. 1937, S. 471.

(2) *F. Albrecht*, Met. Zeitschr. 1943, S. 53.

(3) *G. Wüst*, Oberflächensalzgehalt, Verdunstung und Niederschlag auf den Weltmeeren. Landeskundliche Forschung. Festschrift Norbert Krebs zur Vollendung seines 60. Lebensjahres.

(4) *F. Albrecht*, Wiss. Abh. d. RfW., Bd. VIII, Nr. 2, S. 36,

(5) *F. Albrecht*, Untersuchungen über den Wärmehaushalt der Erdoberfläche in verschiedenen Klimagebieten. Wiss. Abh. d. RfW., Bd. VIII, Nr. 2, S. 36.

(6) Vgl. z. B. *R. Drenkhahn*, Kreislauf der Gewässer und Gewässerkunde. Sammlung Göschen Nr. 960, S. 29.

(7) a) *R. Drenkhahn* a. a. O. S. 31 u. a.
b) *Engler*, Handbuch des Wasserbaues, Leipzig 1921, S. 161.
c) *B. B. Zaikov*, in Mémoires de l'Institut Hydrologique Vol. XI, Leningrad 1934.
d) *P. P. Pivardis*, in Mémoires de l'Institut Hydrologique Vol. XI, Leningrad 1934.
e) *Skatschkaov*, in Mémoires de l'Institut Hydrologique Vol. XI, Leningrad 1934.
f) Nachschlagewerke.

(8) *F. Albrecht*, Wiss. Abh. d. RfW., Bd. VIII, Nr. 2, S. 73,

(9) *Meinardus* in Bd. IV, Teil U von Köppen-Geiger, Handbuch der Klimatologie, S. 44.

(10) *G. Schott*, Geographie des Atlantischen Ozeans, Hamburg 1942, Tafel XVI und Ders. Geographie des Indischen u. Stillen Ozeans, Hamburg 1935, Tafel XXVII.

(11) Vgl. *Defant*. Vortrag Berlin 1929.

(12) *W. Werenskiöld*, Mean Monthly Air Transport over the North Pacific Ocean, Geofysiske Publicationer Vol II Nr. 9.

(12) *R. Westermann*, Der meteorologische Äquator im Stillen Ozean. Aus dem Archiv der Deutschen Seewarte 1906.

(13) *J. Boerema*, Typen van Regenval in Nederlandsch-Indie. Kon. Magn. en Met. Obs. te Batavia, Verh. 18.

(14) *K. Knoch*, Klima von Südamerika, Köppen-Geiger, Handbuch der Klimatologie Bd. II, Teil G, S. 69.

(15) Täglicher Wetterbericht der Deutschen Seewarte.

(16) *G. Schott*, Ann. d. Hydr. 1933, S. 6.

(17) *G. Schott*, Ann. d. Hydr. 1933, S. 6.

(18) The Imperial Marine Observatory, Kobe, Japan, Daily Weather Charts of the North Pacific Ocean.

(19) Vgl. z. B. *Hann*, Klimatologie 1908, Bd. II.

(20) *Köppen-Geiger*, Handbuch der Klimatologie, Bd. V, Teil X, Berlin 1933.

(21) *G. Schott*, Ann. d. Hydr. 1933, S. 6.

(22) *G. Wüst*, a. a. O. S. 353.

(23) *G. Schott*, Geographie des Indischen und Stillen Ozeans, Hamburg 1935, S. 282.

(24) *F. Albrecht*, Met. Zeitschr. 1943, S. 47.

(25) Vgl. z. B. *Köppen-Wegener*, Die Klimate der geologischen Vorzeit, Berlin 1924, S. 122.

(26) Vgl. z. B. *Emanuel Kayser*, Abriß der allgemeinen und stratigeographischen Geologie, Stuttgart 1922, S. 465.

(27) *G. Wüst*, a. a. O. S. 352.

Kritische Bemerkungen zu dem Aufsatz von C. Kassner „Das Verhältnis der Niederschlagsmenge in den drei Sommermonaten zu der der drei Wintermonate in Deutschland" in der Zeitschrift für Meteorologie, Jahrg. 1, Heft 1, S. 23—25.

Bei der Auswertung der Karte „Verhältnis der sommerlichen zu den winterlichen Niederschlägen" auf Seite 24 ist dem Verfasser meines Erachtens ein Irrtum unterlaufen bei der Angabe der geschlossenen Gebiete mit der anderthalbfachen Sommermenge. Die Sommermenge bleibt unter 1,50 der Wintermenge westlich einer in vielen Windungen folgendermaßen verlaufenden Linie: Hiddensee — Waren — Gardelegen — Helmstedt — Peine — Braunlage — Worbis — Holzminden — Vogelsberg — Südhang des Thüringer Waldes — Fichtelgebirge — Nürnberg — Bamberg — Würzburg — Bingen — Heidelberg — Ansbach — Karlsruhe — Stuttgart — Waldhut/Rhein. Ausnahmen mit über 1,50 der Sommermenge bilden westlich dieser Linie folgende geschlossenen Gebiete: Ostfriesische Inseln, bei Leer, Gütersloh, Minden und am Kaiserstuhl. Ostwärts der oben genannten Linie beträgt die Sommermenge **mehr als 1,50 mit Ausnahme folgender Gebiete:** ein schmaler Streifen von Neustrelitz über Berlin und Torgau bis Chemnitz, ein Gebiet im mittleren Thüringen (Nordhausen—Mühlhausen), dann in West- und Oststernberg östlich der Oder, schließlich bei Königsberg/Pr.

Nicht erwähnt wurde ein kleines Gebiet mit doppelter sommerlicher Niederschlagsmenge (in der Karte nicht schraffiert eingezeichnet) südlich Düren.

Leopold Klauser,
Potsdam, Meteorol. Zentralobservatorium.

Täglicher Wetterbericht, herausgegeben vom Meteorologischen Amt für Nordwestdeutschland. Verlagsort Hamburg, Jahrgang 1.

Erscheint seit 1. Mai 1946.

Enthält Bodenwetterlage um 6 Uhr Weltzeit und um 18 Uhr des Vortages auf einem größeren Abschnitt der Welthalbkugel, ferner absolute und relative (bezogen auf 1000 mb) Topographie der 500 mb-Fläche, Äquivalent-Linien gleicher Mitteltemperatur der Atmosphäre zwischen Boden und 500 mb-Höhe von 2° zu 2° (12, 18, 0, 6 Uhr), Tabellen mit Meldungen der Nordwestdeutschen Stationen in verschlüsselter Form. Beobachtungen von Temperatur, Feuchte und Wind in der freien Atmosphäre nach Radiosondenaufstiegen von 4 Stationen und einem Wetterflugzeug-Aufstieg in Wahn bei Köln; schließlich Text mit wissenschaftlichen Analysen des Wetterablaufs. Sü

Zehntägiger Witterungsbericht für Nordwestdeutschland, 7. bis 16. November, herausgegeben vom Meteorologischen Amt für Nordwestdeutschland. Verlagsort Hamburg. Jahrgang 1 Nr. 1—14 (August bis 16. November 1946).

Graphische Darstellung des Witterungsablaufes in Nordwestdeutschland und der fünftägigen Mittel der Luftdruckverteilung. — Witterungsübersicht der Dekade.

Tabellen über Temperatur, Niederschlag, Bewölkung und Wind. — Ferner phänologische Beobachtungen und deren Auswirkungen in der Landwirtschaft. Sü

Über Zusammenhänge zwischen Sauerstoffatomschicht und ionisierten Schichten und eine den Mögel-Dellinger-Effekt verursachende Wellenstrahlung

Von Erich Schröer †

Zusammenfassung: Aus dem Auftreten der grünen Nordlichtlinie λ 5577,3 Å im Spektrum des Nachthimmellichtes folgt das dauernde Vorhandensein einer Sauerstoffatomschicht. Wird für ihre Entstehung Gleichgewicht zwischen Photodissoziation des O_2 und Rekombination der entstandenen O-Atome im Dreierstoß angenommen, so folgt unter Zugrundelegung der wahrscheinlichsten Werte für die in Rechnung gehenden Größen als Untergrenze dieser Schicht eine Höhe von etwa 100 km. Die Rekombination erfolgt so langsam, daß die Sauerstoffatomschicht auch nachts bestehen bleibt. Die untere Grenze derselben wird durch den Einfluß der von der Sonne kommenden Ly-α-Strahlung verschmiert.

Auf Grund der bisher bekannten Daten ergibt sich, daß Photoionisation von 0, O_2 und N_2 nur durch Licht kurzwelliger als λ 1010 Å möglich ist. Ionisation durch chemische Vorgänge dürfte keine Rolle spielen. — Die Berechnung der Ionenkonzentration stößt auf die Schwierigkeit der ungenauen Kenntnis der Rekombinationskoeffizienten. Die F-Schicht dürfte durch Photoionisation der N_2-Moleküle entstehen. Durch Rechnung unter Zugrundelegung der plausibelsten Werte wird gezeigt, daß die Photoionisation von O_2 durch Strahlung im Wellenbereich von λ 765—661 Å für die Entstehung der E-Schicht verantwortlich zu machen ist. Die E-Schicht ist in Höhe von 130—110 km in den noch molekülarmen Teil der Sauerstoffatomschicht eingelagert. Durch Photoionisation von O_2 im Wellenbereich von λ 910—1010 Å sollte eine Schicht in Höhe von 60—100 km Höhe entstehen, deren Ionenkonzentration für die Reflexion von el. Wellen normalerweise nicht ausreicht. Dieselbe könnte erst bei Vermehrung der Strahlung (Mögel-Dellinger-Effekt) eintreten.

Das Auftreten der grünen Nordlichtlinie 5577,3 Å im Nachthimmelslicht bezeugt, daß in höheren Atmosphärenschichten nicht nur g e l e g e n t l i c h, wie bei Nordlichtern, sondern d a u e r n d und u b i q u i t ä r Sauerstoffatome vorhanden sind. Die grüne Nachthimmelslinie ist bisher das einzige d i r e k t e Anzeichen für eine Sauerstoff a t o m schicht, wobei, wie die Überlegungen ihres Entstehungsmechanismus erweisen, es nicht ganz korrekt ist, von einer „Schicht" zu sprechen, da sie nur eine Unterseite, aber keine Oberseite besitzen würde. —

Im Gegensatz zur Sauerstoffatomschicht besteht über die i o n i s i e r t e n S c h i c h t e n schon viel experimentelle Erfahrung, so daß wir über ihre Lage und Ausdehnung über Art und Zahl der Ladungsträger, ja auch über die Temperatur leidlich unterrichtet sind.

Die Höhenlage der E-Schicht und die — berechnete — Höhe der Untergrenze der Atomschicht liegen etwa auf gleichem Niveau. Es ist daher die Frage aufzuwerfen, ob diese Übereinstimmung nur zufällig ist, oder ob eine gegenseitige Bedingtheit besteht.

Die Existenz ionisierter Teilchen in größeren Höhen ist auf Grund folgender Vorgänge denkbar:

1. Durch einen Photoprozeß (Photoionisierung).
2. Durch geladene Teilchen, die von außen in die Atmosphäre eindringen.
3. Durch einen chemischen Prozeß, etwa einen Rekombinationsvorgang.

Die Möglichkeit 2.) scheidet nach aller Erfahrung als d a u e r n d e Erzeugung aus.

Dann sind folgende Zusammenhänge zwischen Sauerstoffatom- und E-Schicht denkbar:

a) Die Ladungsträger entstehen aus Sauerstoffa t o m e n:

dann ist in Schichten u n t e r h a l b der Sauerstoffatomschicht die Vorbedingung für ihre Entstehung n i c h t gegeben.

b) Die Ladungsträger entstehen aus Sauerstoffm o l e k ü l e n:

dann ist erst in tieferen Schichten die Vorbedingung für ihre Entstehung gegeben; bei großen Absorptionskoeffizienten „hängt" sich die E-Schicht dann gewissermaßen an die Atomschicht an.

c) Bei einem chemischen Vorgang (Rekombination o. a.) ist die Erzeugung wie bei a) nur dort gegeben, wo Atome vorhanden sind.

Alle drei Möglichkeiten a) bis c) schließen die Ausbildung einer ionisierten „Schicht" in sich, bei a) einfach aus der nach unten zunehmenden Dichte, bei b) aus dem Fehlen der Träger o b e r h a l b einer gewissen Höhe und der völligen Absorption der erzeugenden Strahlung in dünner Schicht (wegen des großen Absorptionskoeffizienten) und bei c) wegen der starken Druckabhängigkeit der chemischen Vorgänge.

Die Sauerstoffatomschicht ist auf der Grundlage gewisser Annahmen berechenbar.

Die beiden Grundvorgänge sind die Photodissoziation

$$O_2 + h\nu = O + O \qquad (\nu \leqq 1{,}706 \cdot 10^{15} \cdot cm^{-1}) \quad (1)$$

und die Rekombination im Dreierstoß:

$$O + O + M = O_2 + M \qquad (M = O, O_2, N_2) \quad (2)$$

Im Gegeneinanderwirken von (1) und (2) stellt sich eine Gleichgewichtskonzentration an Atomen ein, die durch

$$[O]\,Gl = \left(\frac{2\,I_{abs}}{Z_{tri} \cdot [M]}\right)^{1/2} \quad (3)$$

gegeben ist.

Um I_{abs} zu kennen, muß bekannt sein:

a) der Absorptionskoeffizient des Sauerstoffs in Abhängigkeit von der Wellenlänge; unsere Kenntnis in dieser Hinsicht könnte vollkommener sein, sie reicht aber vorerst aus.

b) Die sonnenseitig zugestrahlte Energie im Absorptionsgebiet; sie ist anzunehmen als die eines Strahlers von 6000°K, überlagert von einer aus der inneren Korona kommenden Strahlung, die von 1700 Å an nach kurzen Wellen hin (im L y m a n - Gebiet) bis zum etwa 10^6 bis 10^7-fachen der Emission eines Strahlers von 6000°K zunimmt.

Die Größe von Z_{tri}, dem Dreierstoßfaktor der Rekombination; er ist berechenbar.

Die Temperatur und Dichte-Verteilung dieser Schichten benötigt man zur Kenntnis von [M]. Aus ionosphärischer Erfahrung weiß man, daß die Temperatur bei 300 bis 350°K liegen muß und der Druck in 100 km Höhe bei ca 0,002 mb. Es wird angenommen, daß keine anderen Teilnehmer als 0, 0_2 und N_2 zugegen sind, Diffusionsgleichgewicht besteht erst oberhalb von 150 km.

Die Berechnungen sind durchgeführt worden mit:

a) verschiedenen Annahmen bezüglich des Absorptionskoeffizienten; Ergebnis: Unsicherheiten hierin machen nicht viel aus.

b) verschiedenen Annahmen des Einfallswinkels der Strahlung; Ergebnis: der Einfluß ist gemessen an anderen Einflüssen (c und d) gering.

c) verschiedenen Annahmen der extraterrestrischen Energie; Ergebnis: die Einflüsse sind sehr erheblich, je intensiver eine Strahlung ist, um so größer ist ihre Eindringtiefe.

d) verschiedenen Annahmen der Temperatur; Ergebnis: die Einflüsse sind sehr erheblich, und zwar deshalb, weil von der Temperatur die Zahl der Teilchen pro cm^3 abhängt und der Rekombinationsvorgang als Dreierstoßprozeß sehr dichteabhängig ist.

Die Berechnung mit den wahrscheinlichsten Werten führt zu einer Untergrenze der Sauerstoffatomschicht von etwa 100 km. Als Untergrenze ist dabei die Höhe zu verstehen, in der sich der Übergang von fast völliger Dissoziation zu ganz geringen Dissoziationsgraden vollzieht (von 100 auf praktisch 0 % 0-Atome). Die Ausdehnung dieser Schicht beträgt nur einige km. Doch wird diese scharfe Untergrenze wahrscheinlich aus einem später zu erörternden Grund „verschmiert".

Ihre Höhe ist trotz der in c) und d) angegebenen erheblichen Schwankungsmöglichkeiten vermutlich doch recht konstant. Eine Verstärkung der zugestrahlten Intensität bewirkt eine Erwärmung und damit Ausdehnung der Schicht, womit die wegen der intensiveren Zustrahlung an sich in größerer Tiefe erfolgende Absorption wieder in die Höhe „gehoben" wird, und umgekehrt, so daß eine weitgehende gegenseitige Kompensation der unter c) und d) erwähnten Effekte eintritt.

Die Geschwindigkeiten der Vorgänge; Photodissoziation und Rekombination sind derart, daß ein erheblicher Anteil der Atome die Nacht „lebendig", ohne Rekombination übersteht. Die Sauerstoffatomschicht besteht also auch nachts. Es ist sicher, daß die nach dem UV hin zunehmende Emission zu einem erheblichen Teil vom L y m a n - System getragen wird. Es ist daher zu fragen, welchen Einfluß die aus Ly-α kommende Strahlung auf die Sauerstoffschicht ausübt. Diese Strahlung ist nach den wahrscheinlichsten Annahmen, die man hierüber machen kann (Linienbreite ca 0,2 Å und $10^{6,5 \mp 1}$-fache der Energie eines Strahlers von 6000°K), recht intensiv, der Absorptionskoeffizient des Sauerstoffs an dieser Stelle, zwar nicht genau bekannt, ist aber sicher klein (ca 0,1). Damit dringt diese Strahlung ziemlich tief ein und bewirkt: bei 100 km einen Dissoziationsgrad von 30 %, bei 90 km: 8 %, bei 80 km: 1,4 % und bei 70 km ca 0,1 %, unter der Voraussetzung, daß oberhalb 100 km aller Sauerstoff in Atome dissoziiert ist. Die Atomschicht wird also nicht nach unten fortgesetzt, aber ihre Untergrenze wird durch diese Strahlung unschärfer, „verschmiert".

Die Absorption dieser Ly-α-Strahlung erscheint wichtig, weil durch sie eine „Heizung" dieser Schichten besorgt wird; die Größe der hierbei absorbierten Energie ist erheblich.

Die Sauerstoffatome in den Höhenlagen unter 100 km sind nicht mehr so beständig wie in der eigentlichen Atomschicht. Die Halbwertzeit der Rekombination bewegt sich in der Größenordnung von Stunden. Es ist daher fraglich, ob überall und immer das Gleichgewicht tatsächlich erreicht wird.

Die Vorgänge, die für die Photoionisierungen in Frage kommen, ergeben sich aus den Absorptionseigenschaften der die höhere Atmosphäre zusammensetzenden Gase.

Das S a u e r s t o f f m o l e k ü l zeigt anschließend an das intensive S c h u m a n n - Kontinuum zwischen 1300 und 1010 Å Absorption in diffusen Banden; das anschließende Kontinuum, das dem Vorgang

$$0_2 + h\nu = 0_2^+ + \ominus \qquad E = 12{,}2\ \text{eV}. \qquad (4)$$

entspricht, ist experimentell noch nicht erfaßt worden. Statt seiner zeigen sich erneut Banden, die bei 765 Å, 744 Å und 670 Å konvergieren.

In diesem Kontinuum entsteht ein a n g e r e g t e s Sauerstoffmolekülion:

$$0_2 + h\nu = (0_2^+) + \ominus$$
$$E = 16{,}14 \text{ bzw. } 16{,}58 \text{ bzw. } 18{,}14\ \text{e V}. \qquad (5)$$

Die Absorptionskoeffizienten in diesem Kontinuum sind sehr groß, $\alpha_{10} \cong 500 \cdot cm^{-1}$.

Das S a u e r s t o f f a t o m hat folgende Grenzkontinua:

bei 910 Å (= 13,55 e V), bei 732 Å (= 16,86 e V) und bei 667 Å (= 18,54 e V).

Der Vorgang ist:

$$0 + h\nu = 0^+ + \ominus . \qquad (6)$$

Der Absorptionskoeffizient nach S a h a :

$$\alpha_{10} \cong 260 \cdot cm^{-1}.$$

Die Ionisation des 0 II liegt bei sehr viel kürzeren Wellen (350 Å)

$$0 + h\nu = 0^{++} + 2\,\ominus \qquad E = 34{,}92\ \text{e V}. \qquad (7)$$

Beim S t i c k s t o f f m o l e k ü l liegen die Verhältnisse ganz ähnlich wie beim Sauerstoff: zwischen 1000 und 795 Å Bandenabsorption, das sich anschließende Kontinuum, dem der Vorgang

$$N_2 + h\nu = N^+_2 + \ominus \qquad E = 15{,}5\ \text{e V} \qquad (8)$$

entspricht, ist schwach ($\sigma_{10} \cong 10 \div 50$) und von Banden überlagert, die bei 661 Å konvergieren. Hier findet der Vorgang:

$$N_2 \div h\nu = (N^+_2) + \ominus \qquad E = 18{,}67\ \text{e V} \qquad (9)$$

statt. Als Ergebnis ist festzustellen, daß eine ganze Anzahl von Vorgängen auf verschiedenen Spektralbereichen für Photoionisationen zur Verfügung stehen, daß aber Photoionisationen (im Gegensatz zu W u l f und D e m i n g : Terr. Magn. **43**, 203; 1938 und P e n n d o r f : Naturw. **29**, 195; 1941) nur durch Licht k u r z w e l l i g e r a l s 1 0 1 0 Å möglich sind.

Bezüglich der Ionisationen infolge **chemischer Vorgänge**, auf die wohl erstmalig K. Rawer (Naturw. 28, 577; 1940) aufmerksam gemacht hat, ist zu sagen, daß sie **allein** niemals eine genügende Anzahl von geladenen Teilchen zu erzeugen vermögen, um die ionisierten Schichten zu erklären, so daß nur die eingangs erörterte Möglichkeit 1.) der Erzeugung geladener Teilchen, also die Photoionisation übrigbleibt.

Will man die **stationäre** Konzentration der Ladungsträger berechnen, so muß man außer der pro sec und Raumeinheit erzeugten Anzahl von Photoionen auch noch die Geschwindigkeit ihrer **Rekombinationen** kennen. Dieser Vorgang ist leider noch nicht soweit geklärt, wie es wünschenswert wäre. Nachdem man eine Zeitlang glaubte, daß ein Einfangen des Elektrons durch Sauerstoff nach:

$$O_2 + \Theta = O_2^- \qquad E = 1{,}1 \div 1{,}6 \text{ e V.} \qquad (10)$$

vor der Rekombination

$$O_2^+ + \Theta = O_2 + h\nu \qquad (11)$$

bevorzugt wäre, neigt man heute mehr zu der Ansicht, daß direkte Rekombination erfolgt, und demnach **Elektronen** die Leitfähigkeit der ionisierten Schichten, und damit ihr Reflexionsvermögen verursachen. Die Größe der Rekombinationskoeffizienten steht jedoch noch nicht ganz fest. Mit der Angabe von Hulburt (Phys. Rev. 55, 639; 1939) $k \cong 2 \cdot 10^{-8}$ wird zwar meist gerechnet, doch muß darauf hingewiesen werden, daß an der endgültigen Klärung dieses Punktes noch die Antwort auf andere Fragen hängt, so auch der „Beweis" von Saha (Proc.Roy.Soc **160**, 155; 1937) für die Notwendigkeit einer UV-Strahlung vom etwa 10^6-fachen der Intensität eines Strahlers von 6000° K. —

Berechnungen der **Lage** und **Ausdehnung** der ionisierten Schichten können mit diesen Unterlagen vorerst nur mit gewissem Vorbehalt gemacht werden. Die Ergebnisse verschiedener Autoren wichen daher auch noch erheblich voneinander ab. Man kehrt auch das Problem besser um, sieht die ionisierten Schichten als gegeben an, und fragt, welche der Photoionisationen (4) bis (9) man jeweils zuordnen kann.

Man kommt dabei zu folgendem Ergebnis:

Die Absorption des Stickstoffmoleküls in seinem zweiten Kontinuum $\lambda \leqq 661$ Å, Vorgang (9), ist vermutlich in Höhen von 200 km schon vollständig; diese Photoionisation dürfte die Ursache der F-Schicht sein.

Setzt man für den Spektralbereich $\lambda \cong 912$ Å (Grenze des **Lyman**-Kontinuums) die 10^6-fache Emission an, so entfallen auf das cm^2 pro sec $\backsim$ $1{,}6 \cdot 10^{15}$ Quanten.

Setzt man für den Absorptionskoeffizienten des Vorganges (6) $\alpha_{10} \cong 250 \cdot cm^{-1}$, ein Wert, der eher zu niedrig als zu hoch gegriffen ist, so ergibt sich, daß die Energie bei 140 km schon vollkommen absorbiert ist.

Bedeutsam wird die Absorption in dem bei 765 Å einsetzendem, dem Sauerstoffmolekül zugehörigem Kontinuum: Vorgang (5). Da oberhalb 150 km praktisch keine Sauerstoffmoleküle mehr existieren, so kann diese Absorption erst **unterhalb 150 km** wirksam werden. Ein Teil der Energie ist allerdings schon in den Stickstoffbanden und unterhalb 667 Å durch Sauerstoffatom (Vorgang 6) total absorbiert. Wieviel noch in die darunter liegenden Schichten gelangt, ist sehr schwer abschätzbar. Man kann aber umgekehrt fragen, wieviel man bei **vorgegebenen** Rekombinationskoeffizienten benötigt, um die notwendige Ionisation zu erhalten.

Die Berechnung erfolgt dann mit den Grundlagen:

$$I_{150} \,|\, 765 \div 661 \text{ Å} \cong 3 \cdot 10^{-8} \; h\nu \cdot cm^{-2} \cdot sec^{-1}$$

d. h. Schwächung auf den 10^{-6}ten Teil; $\alpha_{10} = 500 \cdot cm^{-1}$; Rekombinationskoeffizient: $2 \cdot 10^{-8}$; Sauerstoffmolekülkonzentration entsprechend den oben gemachten mittleren Annahmen für die Berechnung der Atomschicht: Strahler von 6000°, Temperatur 100 km: 325°K; 150 km: 375°K.

Senkrechter Strahlungseinfall, sec $\zeta = 0$.

Das Ergebnis der Berechnung findet sich in Tabelle 1.

Das Ergebnis der Berechnung ist in mehrfacher Hinsicht lehrreich und beleuchtet die Situation, in der man sich dabei befindet:

Die Ionen- bzw. Elektronenkonzentration ist mit den beiden Parametern I_{abs} und k durch

$$[\overset{+}{O_2}] = [\Theta] = \left(\frac{I_{abs}}{k}\right)^{1/2} \qquad (12)$$

verknüpft. Nimmt I_{abs} um 2 Zehnerpotenzen zu, oder k um 2 ab, so wird die Ionen- bzw. Elektronenkonzentration um eine Zehnerpotenz größer.

Tabelle 1

Absorption durch O_2 im Bereich λ: 765 ÷ 661 Å; $I_{150} = 3 \cdot 10^8 \; h\nu \cdot cm^{-2} \cdot sec^{-1}$

$\alpha_{10} = 500 \cdot cm^{-1}$; $k = 2 \cdot 10^{-8} \; cm^3 \cdot sec^{-1}$.

Schicht (km)	l (cm O_2)	I_{abs}	$I_{abs} \cdot cm^{-3}$	$[(O_2+)^*] \cdot cm^{-3}$
130 ÷ 150	0,0000164	$5{,}6 \cdot 10^6$	2,8	$1{,}2 \cdot 10^4$
120 ÷ 130	0,000353	$9{,}84 \cdot 10^7$	98,4	$7{,}0 \cdot 10^4$
115 ÷ 120	0,00134	$15{,}4 \cdot 10^7$	308	$1{,}24 \cdot 10^5$
113 ÷ 115	0,0017	$3{,}61 \cdot 10^7$	181	$9{,}5 \cdot 10^4$
111 ÷ 113	0,00416	$5{,}85 \cdot 10^6$	29,2	$3{,}8 \cdot 10^4$
110 ÷ 111	0,00475	$4{,}87 \cdot 10^4$	0,49	$5 \cdot 10^3$
109 ÷ 110	0,00837	$2{,}8 \cdot 10^2$	$2{,}8 \; 10^{-3}$	$3{,}7 \cdot 10^2$
108 ÷ 109	0,01445	0,018	$1{,}8 \; 10^{-7}$	4

In I_{abs} stecken die einfallende Intensität I_h, der Absorptionskoeffizient α und die Dichte. Hiervon dürften I_h und α auf eine Zehnerpotenz, die Dichte aber auf weniger als eine Zehnerpotenz unsicher sein.

Wenn man annimmt, daß Ionen- und Elektronenkonzentration gleich ist, also Vorgang (10) auszuschließen ist, so kann man die erforderliche Elektronenkonzentration vorgeben, denn diese ist recht sicher bekannt, und I_{abs} bzw. k entsprechend „anpassen". Findet daneben aber Elektronenanlagerung nach (10) statt, so ist die Ionenkonzentration auch nicht mehr annähernd bekannt, denn nur die Elektronen tragen zur Leitfähigkeit bei, und man hat keine Möglichkeit, die Parameter irgendwie anzupassen.

Die Lage ist jedoch nicht so hoffnungslos, wie sie erscheint; denn man kann leicht zeigen, daß erst Änderungen von I_h und α, die eigentlich außerhalb des Wahrscheinlichen liegen, die Eindringtiefe dieser Strahlung so beeinflussen, daß die Absorption in einer ganz anderen Höhenlage erfolgen würde. Das heißt aber, daß die Zuordnung dieses Absorptionsvorganges als Ursache dieser ionisierten Schicht (hier der E-Schicht) trotz alledem sicher sein dürfte.

Hier war es aus Anpassungsgründen erforderlich, I_h so klein anzunehmen, daß durch Absorption eine Schwächung auf den 10^{-6}ten Teil erfolgte. Da die Absorption des N_2 aus dem Vorgang (8) und besonders die starke des 0 aus dem Vorgang (6) davorliegt, so ist eine derart große Vorabsorption nicht ganz unwahrscheinlich. Sie gilt aber mit all den gemachten Vorbehalten, besonders auch bezüglich des k-Wertes.

Bemerkenswert erscheint noch die Art der Einlagerung der E-Schicht in die Sauerstoffatomschicht: sie ist von etwa 130 bis 113 km, d. h. zwischen ganz geringen und etwa 5 % 0_2, also noch im molekülarmen Teil der Atomschicht eingelagert.

Die E-Schicht, für die ursprünglich kein Photoionisationsvorgang durch Wellenstrahlung zur Verfügung stand, weswegen Chapman eine Korpuskularstrahlung annahm, hat damit eine Erklärung im Rahmen der Photoionisierungen gefunden.

Der Zusammenhang zwischen Atom- und E-Schicht ist dabei der, daß infolge des auf kleine Entfernungen stattfindenden Übergangs von Sauerstoffatomen auf Sauerstoffmoleküle die Strahlung ziemlich unvermittelt auf eine rasch ansteigende Zahl von Molekülen trifft, von denen sie in ziemlich dünner Schicht absorbiert wird. Auf diesen Zusammenhang hat wohl erstmals Mitra (Nature London 142, 914; 1938) hingewiesen. —

Vermutlich der einzige Vorgang, der mit kleinerem Absorptionskoeffizienten verläuft, ist die Photoionisierung des Sauerstoffmoleküls nach (4). Wegen der kleinen Absorptionskoeffizienten ist das Absorptionskontinuum bei 1010 Å bisher noch nicht erfaßt worden. Aber es muß natürlich existieren und auch in der Atmosphäre wirksam werden.

Die Vorabsorption dürfte auch hier ziemlich erheblich sein: Im Gebiet zwischen 800 und 1010 Å wird des Spektrum $\lambda \leqq 910$ Å durch Vorgang (6) abgeschnitten, und das Gebiet zwischen 910 und 1010 Å erleidet eine Schwächung durch die sich überlagernden Banden des Sauerstoffs und Stickstoffs. Wieviel an Intensität durch die „Löcher" zwischen den Banden noch einfällt, ist natürlich fraglich. Gemäß der älteren Auffassung, nach der die Strahlung sonnenseitig in der Emission des Lyman-Systems besteht, wäre im Gebiet 910 ÷ 1010 Å überhaupt nur die Emission eines thermischen Strahlers von 6000°K zu erwarten. Nach Kiepenheuer ist die Strahlung jedoch kontinuierlicher; sie hat ihren Ursprung in der tieferen Korona in den sog. „Frei-Frei-Übergängen" und beträgt auch in diesem Spektralgebiet ca. das 10^6-fache der Intensität eines Temperaturstrahlers von 6000°K.

Man kann nun genau so, wie oben für den Vorgang (5) eine Rechnung für den Vorgang (4) aufmachen.

Die Grundlagen sind die folgenden:

I_{100} | 910 ÷ 1010 Å $\backsimeq 10^9 h\nu \cdot cm^{-2} \cdot sec^{-1}$,

d. h. Schwächung auf den 10^{-6}. Teil $\alpha = 0{,}1\ cm^{-1}$

Rekombinationskoeffizient $k = 2 \cdot 10^{-8}\ cm^3 \cdot sec^{-1}$

Die Ergebnisse zeigt Tabelle 2.

Auch hier mag die Berechnung in ihren Grundlagen durchaus unsicher sein, sicher bleibt aber das Ergebnis, daß durch die Absorption des Vorganges (4) eine Ionisation in Schichten zwischen 60 und 100 km geschaffen wird, deren Umfang durchaus so beschaffen sein kann, daß normaler Weise die Ionenkonzentration für eine Reflexion an dieser Schicht noch nicht ausreicht, eine Vermehrung der Strahlung (Mögel-Dellinger-Effekt) sie aber soweit erhöht, daß Reflexion in etwa 60—70 km Höhe erfolgt.

Tabelle 2

Absorption durch 0_2 im Bereich $\lambda = 910 \div 1010$ Å; $I_{100} = 10^9\ h\nu\ cm^{-2} \cdot sec^{-1}$; $\alpha_{10} = 0{,}1 \cdot cm^{-1}$

h (km)	l (cm 0_2)	I_{abs}	$I_{abs} \cdot cm^{3}$	$[0_2+] \cdot cm^{-3}$
90 ÷ 100	0,90	$1{,}87 \cdot 10^8$	$1{,}87 \cdot 10^2$	$9{,}65 \cdot 10^4$
80 ÷ 90	3,20	$4{,}23 \cdot 10^8$	$4{,}23 \cdot 10^2$	$2{,}1 \cdot 10^5$
70 ÷ 80	10,0	$3{,}51 \cdot 10^8$	$3{,}51 \cdot 10^2$	$1{,}3 \cdot 10^5$
60 ÷ 70	30,8	$3{,}9 \cdot 10^7$	39	$4{,}4 \cdot 10^4$

Ein Wirbelmodell der atmosphärischen Turbulenz

mit 10 Abbildungen

Von B. Neis - Berlin - Treptow

Zusammenfassung: Auf Grund der Lindenberger Studien über die Struktur des Bodenwindes von M. Robitzsch wird zunächst ein zweigliedriges Wirbelmodell konstruiert. Durch die kinematischen und dynamischen Eigenschaften dieses Elementarwirbels werden dann die Aufzeichnungen des Böenschreibers erklärt und die beiden ersten der von Robitzsch empirisch gefundenen Strukturgesetze abgeleitet.

Die energetische Untersuchung entwickelt aus dem Modell einen Ausdruck für das Verhältnis der kinetischen Energie der turbulenten Strömung zur kinetischen Energie der laminaren Strömung gleicher mittlerer Windgeschwindigkeit und geht zum Schluß auf einige Arbeiten ähnlichen Inhalts ein, ohne jedoch die Literatur auf diesem Gebiet nur entfernt erschöpfen zu wollen.

A. Aufbau des Wirbelmodells

1. Zweck der Arbeit.

M. Robitzsch hat in den Jahren 1915 und 1916 umfassende Feinbeobachtungen über die Struktur des Bodenwindes (1) angestellt und aus ihnen auf statistischem Wege eine Reihe wichtiger Strukturgesetze abgeleitet. Mehrfache Hinweise und Anregungen von ihm, den gefundenen Gesetzmäßigkeiten eine theoretische Begründung zu geben, sind die Veranlassung zur Konstruktion eines Wirbelmodells gewesen, aus dem die ersten beiden der empirisch gefundenen Gesetze gefolgert werden konnten. Der Gedanke eines Wirbelmodells ist durchaus nicht neu.

Strömungsforschungen (2), (3) haben gezeigt, daß der Fließvorgang durch einen Transport von Wirbelkörpern, denen Kugel- bzw. Zylinderform zugeschrieben wurde, erklärt werden kann. Das hier gegebene Wirbelmodell ist lediglich eine weitere Ausführung des „Turbulenzkörpers", über dessen Größe und Eigenschaften bereits E. Barkow (4) berichtet hat.

2. Wert eines Modells.

Eingehendere Annahmen, die man sich über das Bild der Wirbelkörper machen kann, werden nur brauchbar sein, wenn aus ihnen die beobachteten Erscheinungen gefolgert werden können. Nach H. Hertz[1]) muß ein Modell der Forderung entsprechen, daß die denknotwendigen Folgen aus ihm sich in Übereinstimmung befinden mit den Messungen des durch das Modell abgebildeten Vorgangs, der naturnotwendig abläuft. Die Konstruktion eines Modells ist stets ein Sprung ins Ungewisse. Zur Rechtfertigung des Versuches sei deshalb auf ein Wort von Cl. Schaefer[2]) hingewiesen; er sagt bezüglich der molekularkinetischen Theorie der Materie: „Mag es dabei nicht immer ohne zweifelhafte Hypothesen abgehen, mag dieses über das Fundament der Thermodynamik hinausgebaute wissenschaftliche Gebäude deshalb auch stärkeren Erschütterungen und Umwälzungen im Laufe der Zeit ausgesetzt sein, der Versuch einer derartigen Theorie muß jedenfalls gemacht werden." Doch soll bei diesem Versuch stets an das Wort von E. Mach gedacht werden: „Man lernt aus der Geschichte der Thermodynamik, daß die veranschaulichenden Vorstellungen, durch welche man sich die Auffassung der Tatsachen erleichtert und vermittelt, doch eine viel geringere Wichtigkeit haben, als das genaue Studium der Tatsachen selbst, durch welches aber erstere Vorstellungen sich soweit anpassen und entwickeln, daß dieselben recht ausgiebige konstruktive Kraft gewinnen."[3])

3. Schalen gleicher Winkelgeschwindigkeit.

Das einfachste Bild, das man sich über den Vorgang des Fließens machen kann, ist der geradlinige Transport von Flüssigkeitsteilchen, so daß sich Schichten der ganzen Masse wie starre Körper verschieben.

Die Fließgeschwindigkeit ist dann laminar, sie wird durch einen Vektor von bestimmter Größe und Richtung dargestellt. Um dieses Bild zu erweitern und dadurch die Turbulenz darzustellen, kann man sich innerhalb der endlich dicken Schicht mit der laminaren Geschwindigkeit v Flüssigkeitsgebiete mit besonderen Eigenschaften denken. Auf Grund der Mechanik starrer Körper steht zur Charakterisierung dieses Gebietes der Begriff der Winkelgeschwindigkeit ω zur Verfügung. Es wird also jedem Flüssigkeitsteilchen innerhalb des Gebietes eine bestimmte Winkelgeschwindigkeit zugeschrieben. Eine einfache dreidimensionale Vorstellung des Fließens ist dann die, daß sich innerhalb der laminaren Schichten schalenförmig aufgebaute Walzen ausbilden. Auf die Walzenvorstellung zur Erklärung der Turbulenz bodennaher Luftströmungen hat M. Robitzsch hingewiesen. Auch bei H. Seilkopf (5) werden die Spitzenböen in dieser Weise erklärt. Jeder Schale kommt eine bestimmte Winkelgeschwindigkeit zu. Die Winkelgeschwindigkeitsvektoren liegen sämtlich auf der Achse der Walze, sie haben dieselbe Richtung, nur in der Größe sind sie verschieden. Eine Schwierigkeit dieses Bildes ist der seitliche Abschluß dieser Walzen. Sie soll zunächst nicht erörtert werden. Auch liegt in der radialen Anordnung des Feldes eine große Beschränkung. Auf eine Erweiterung des Modells durch Einführung der Abhängigkeit der Winkelgeschwindigkeit von der Richtung des Radius soll jedoch ebenfalls verzichtet werden.

4. Stellung des Modells zur Turbulenzforschung.

Die Annahme von schalenförmig aufgebauten Walzen, also von körperlichen Individuen endlicher Ausdehnung innerhalb der im übrigen amorphen, driftenden Masse ist zweifellos ein gewagter Schritt, da hierfür eine zwingende Begründung nicht gegeben werden kann. Die Turbulenzforschung ist einen anderen Weg gegangen, sie hat die augenblickliche Geschwindigkeit in zwei Teile zerlegt, in den zeitlichen Mittelwert und die Schwankung um diesen und die Schwankung mit Hilfe physikalischer Grundgesetze und der statistischen Mechanik studiert. Dieser Ausganspunkt ist wegen seiner großen Allgemeinheit sicher einwandfrei. Andererseits erschwert aber gerade die Allgemeinheit dieser Grundgedanken das Vordringen zur

[1]) *H. Hertz*, die Prinzipien der Mechanik, Leipzig, 1901, S. 1.

[2]) *Cl. Schaefer*, Einführung in die theoretische Physik. Berlin 1921, 2. Band, 1. Teil, S. 321.

[3]) *E. Mach*, die Prinzipien der Wärmelehre, 2. Aufl., Leipzig 1900, *A. Barth*. S. 215.

Betrachtung von Einzelfällen, z. B. der Struktur des Bodenwindes. Doch scheinen die von L. Prandtl eingeführten Wirbelballen mit den hier gegebenen Vorstellungen übereinzustimmen.

5. Grundforderungen an das Feld der Winkelgeschwindigkeit.

Für die Größe der Winkelgeschwindigkeit in den einzelnen Schalen bestehen von vornherein auf Grund der allgemeinen physikalischen Erfahrungen eine Reihe von Forderungen:

1. außerhalb der äußersten Schale besteht kein reeller Wert der Winkelgeschwindigkeit für die Walze. Diese Forderung ist notwendig, um den Turbulenzkörper als selbständiges Individuum gegen die übrige strömende Masse abzuschließen;
2. in der äußersten Schale mit dem Abstande R_m von der Drehachse sei $\omega = 0$, d. h. es besteht ein allmählicher Übergang von der laminaren Schicht zum Strömungsgebiet;
3. im Innern der Walze bleibe ω überall endlich. Diese Forderung entspricht der alltäglichen Beobachtung, nach der keine physikalische Größe über alle Grenzen anwachsen kann;
4. das Feld der Winbelgeschwindigkeit sei durch eine Materialkonstante bestimmt, so daß gleiche Ursachen bei verschiedenen Flüssigkeiten verschiedene Felder erzeugen;
5. für eine gewisse Schale habe die Winkelgeschwindigkeit einen ausgezeichneten Wert ω_0, der physikalisch mit der laminaren Geschwindigkeit in Beziehung steht.

Diese Forderungen werden als notwendig angesehen, ob sie hinreichend sind, kann nur die Erfahrung zeigen, die mit dem so konstruierten Modell gemacht wird.

6. Der Feldsatz der Winkelgeschwindigkeit des Modells.

Ein Ausdruck, der diesen fünf Forderungen entspricht, ist

$$\omega = \omega_0 \left[e^{+\sqrt{1-\left(R/R_m\right)^{\alpha}}} - 1 \right] \quad \ldots\ldots (1)$$

Hierin ist ω_0 die ausgezeichnete Winkelgeschwindigkeit, R_m der Maximalradius der Schale, R ein beliebiger Abstand von der Drehachse. Für $R > R_m$ wird die Quadratwurzel imaginär, d. h. außerhalb R_m hat die Walze kein reelles Feld der Winkelgeschwindigkeit. Für $R = 0$ wird der Exponent 1, die Winkelgeschwindigkeit hat den Wert $\omega = 1{,}718\ \omega_0$, sie bleibt also endlich. Das Ergebnis, nach dem also bei allen Flüssigkeiten, in denen es zur Bildung von Wirbelwalzen kommt die Winkelgeschwindigkeit in unmittelbarer Nähe der Drehachse stets den Betrag $1{,}718\ \omega_0$ hat, muß natürlich Zweifel an der Brauchbarkeit dieser hypothetischen Formel (1) wecken; diese könnten durch eine andere Verwendung der Materialkonstanten α behoben werden. Andererseits ist die Walzenbildung ein so allgemeiner Naturvorgang, daß die hier gewählte Form nicht von vornherein als glatte Unmöglichkeit angesprochen werden kann. Für $R = R$ wird $\omega = 0$, es besteht also ein allmählicher Übergang von der laminaren Schicht zum Turbulenzkörper.

Dies durch Gleichung (1) definierte Feld der Winkelgeschwindigkeit weicht von den in der Strömungslehre definierten Feldern ab. Hier wird $\omega \cdot r^{\lambda-1} = \text{coust}$[4]) gesetzt; für $\lambda = 1$ ist die Drehung des starren Körpers, für $\lambda \geqq 2$ die „Zirkulation" dargestellt. Eine Erklärung der Böigkeitserscheinungen mit Hilfe dieses Gesetzes liegt aber noch nicht vor; die Aufstellung des Feldsatzes (1) ist aus diesem Grunde nicht überflüssig.

7. Der Wert ω_0.

Die Winkelgeschwindigkeit ω wird gleich dem ausgezeichneten Werte ω_0, wenn

$$l^{\sqrt{1-(R/R_m)^{\alpha}}} = 2$$

ist. Hiermit wird

$$R_0 = \sqrt[\alpha]{0{,}52}\ .\ R_m$$

Die Tabelle 1 gibt die Werte von R_0/R_m für verschiedene Werte von α

Tabelle 1.

α	R_0/R_m
2	0,72
1	0,52
0,9	0,48
0,8	0,44

Für Werte von $0 < \alpha \ll 1$ wird der Faktor von Rm sehr klein, d. h. auch der Abstand R_0 der Schale mit der Winkelgeschwindigkeit ω_0 von der Drehachse; für sehr große Werte $\alpha \gg 1$ wird R_0 sich R_m nähern, d. h. die Schale mit der ausgezeichneten Winkelgeschwindigkeit befindet sich in der Nähe des Umfanges der Walze. Auf die physikalische Bedeutung von ω_0 wird in Nummer 12 eingegangen.

8. Der Verteilungssatz für R_m.

Über die Größe von R_m der Walzen, die bei der Wirbelbildung am Boden auftreten, besagt der Feldsatz nichts. Es ist aber sehr naheliegend, sich vorzustellen, daß bei einer Strömung mit der mittleren Geschwindigkeit v die Größe der Walzen einer bestimmten Gesetzmäßigkeit unterworfen ist. Die Umbildung der laminaren Strömung in die turbulente erfolgt so, daß sich nacheinander Gruppen von Walzen verschiedener Größe ausbilden. Der molekular-kinetische Aufbau der Luft mit der Maxwellschen Verteilung der Molekelgeschwindigkeiten läßt es nicht als unbegründet erscheinen, auch für die Größe der Walzen eine solche Verteilung anzunehmen. Hiernach sind sehr kleine Walzen ebenso selten wie sehr große. Andererseits wird eine Walzengröße am häufigsten auftreten. Darauf soll in den Nummern 26 und 27 eingegangen werden.

9. Die Materialkonstante α.

Sie muß, damit Gleichung (1) möglich ist, dimensionslos sein, entsprechend z. B. der Dielektrizitätskonstanten. Da α eine Materialkonstante sein soll, sind nur positive Werte zulässig. Andernfalls würde

[4]) *A.* u. *K. Wegener,* Vorlesungen über Physik der Atmosphäre. Barth, Leipzig. 1935, S. 465.

die Quadratwurzel des Exponenten von e imaginär und ω komplexe Werte annehmen oder aber R_0 müßte größer als Rm werden, was ausdrücklich ausgeschlossen wurde. Mathematisch zulässig sind also Werte $0 < \alpha < \infty$.

10. Paarweises Auftreten der Walzen.

Die durch Gleichung (1) bis auf ihre seitliche Ausdehnung bestimmten Walzen treten stets paarweise, als Zwillinge, auf, und zwar hat die hintere Walze den entgegengesetzten Richtungssinn der vorderen. Wirbelpaare werden auch in der Strömungslehre, z. B. von L. Prandtl (6), behandelt. B. Eck (7) sagt: „Ein einzelner Wirbel kann überhaupt nicht entstehen. Wirbel treten immer paarweise auf, und zwar so, daß die Gesamtzirkulation gleich Null ist.“ Die Anführung dieses Satzes aus der Strömungslehre soll aber nicht den Blick dafür trüben, daß die in dieser Arbeit versuchte Kopplung zweier Wirbelwalzen hier nicht hydrodynamisch begründet und nur dann berechtigt ist, wenn die Erfahrungen sie stützen. Auch Th. Rümelin, auf dessen Abhandlung unter (2) schon hingewiesen ist, bringt diese Vorstellung in seiner Fig. 11. Hier findet sich auch das Überschneiden beider Walzen. In Abb. 1 ist für die Konstante $\alpha = 1$ ein Elementarwirbel, wie er nach den vorgetragenen Annahmen aufgebaut ist, wiedergegeben. Diese Elementarwirbel treten bei strömender Luft stets gehäuft auf, sie können von verschiedener Größe sein und sich überschneiden.

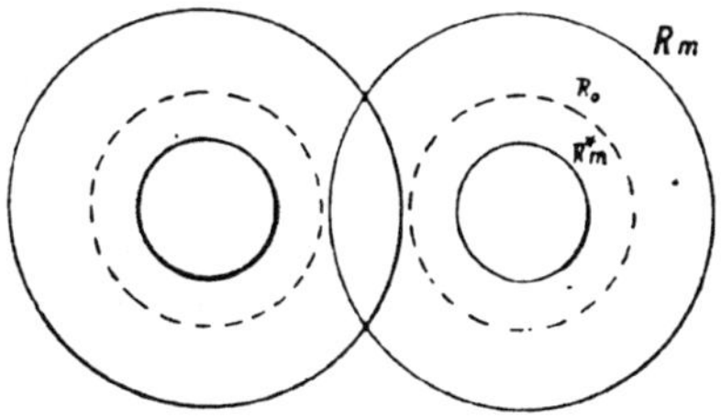

Abb. 1.
Vertikalschnitt durch einen Elementarwinkel

Bei symetrischem Aufbau unterscheiden sich die beiden Glieder des Wirbels nur durch das Vorzeichen von ω_0. Bei unsymetrischem Aufbau erhält ω_0 noch einen Koeffizienten.

Eine Probe auf die Verwendbarkeit dieses Wirbelmodells kann auf Grund der erwähnten Turbulenzforschungen von E. Barkow gemacht werden. Er erklärt die von ihm entdeckten schnellen Temperaturänderungen in der untersten Atmosphärenschicht durch das Auftreten von „Turbulenzkörpern“, deren durchschnittliche Größe er mit 40 m angibt. In ihnen nimmt er auf- und absteigende Ströme an und berechnet unter Zugrundelegung plausibler Annahmen über den Vertikalgradienten der Temperatur die beobachteten schnellen Temperaturschwankungen. Der pulsatorische Wechsel von auf- und absteigenden Strömen ist aber mit dem Durchgang eines Elementarwirbels durch das Thermometer gegeben.

B. Kinematik und Dynamik des Elementarwirbels.

11. Die Erscheinung der Böigkeit.

Die Elementarwirbel schwimmen nach M. Robitzsch mit der sich laminar fortbewegenden Flüssigkeit. Jedes Teilchen der strömenden Masse macht also zwei Bewegungen, die translatorische der mittleren Geschwindigkeit und die drehende der Umgangsgeschwindigkeit der Schale, in der es sich befindet. Durch diese Umfangsgeschwindigkeit wird die laminare Geschwindigkeit in den verschiedenen Niveaus und Gebieten der Schicht verschieden vergrößert bzw. verkleinert, da die Komponenten der Umfangsgeschwindigkeit in Richtung der mittleren Geschwindigkeit positiv oder negativ sein kann und von Null bis zu einem Maximalbetrage wächst, wie es Abb. 2 a zeigt. Hierdurch kommt es zu den Pulsationen der Windstärken, zur Böigkeit.

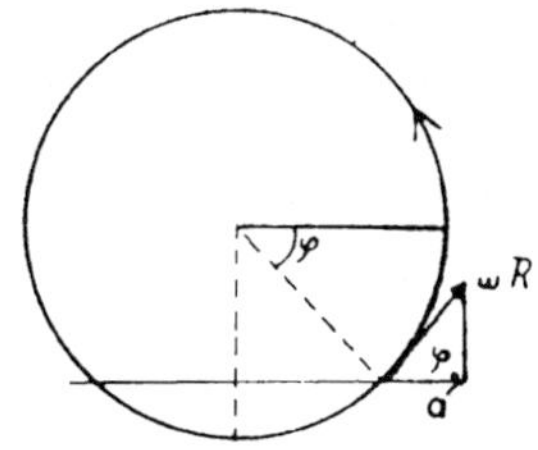

Abb. 2a Entstehen der Böigkeit

12. Der Amplitudensatz.

Der Gang der Schwankung der Windstärke beim Durchgang eines Elementarwirbels durch das Aufnahmeorgan des Böenschreibers wird in Abb. 2 b erläutert.

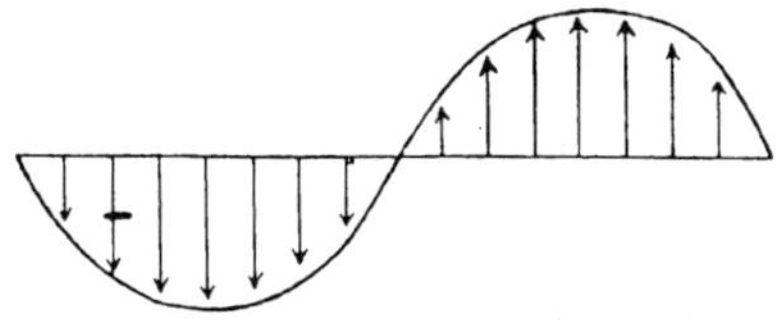

Abb. 2b. Schwankung der Windstärke
beim Durchgang eines Elementarwinkels

Der Wirbel treffe mit dem Neigungswinkel φ auf. Die die Schwankung verursachende Komponente der Umfangsgeschwindigkeit jeder Schale ist

$$a = \omega \cdot R \cdot \sin \varphi \ldots . . (2)$$

Beim Fortschreiten des Wirbels gelangen die weiter innen gelegenen Schalen an das Anemometer. Hierbei nimmt der Winkel φ zu. Dem Winkel φ, unter dem die Schale Rm auftrifft, ist eine Schale R^* zugeordnet, für die $R^* = R_m \sin \varphi$ ist. Geht diese Schale durch das Aufnahmeorgan, so hat die Amplitude den größten Wert längs dieser Sehne erreicht. Es ist

$$a^* = \omega_0 \left[e^{\sqrt{1-(R^*/R_m)^{\alpha}}} - 1 \right] R^* \quad (2\,a)$$

Hat das Anemometer eine solche Höhe, daß die Sehne durch den Mittelpunkt, durch das Aufnahmeorgan hindurchgeht, so ist die Amplitude während des ganzen Durchgangs gleich Null. Sie ist auch Null, wenn die Walze streifend hindurchgeht.

13. Die Maximalamplitude eines Elementarwirbels.

Den größten Wert, den die Amplitude überhaupt annehmen kann, erhält man durch Differentiation nach R^* und anschließendes Nullsetzen von Gleichung (2 a). Hierbei ergibt sich also ein bestimmter Neigungswinkel ϕ_m, unter dem der äußere Mantel des Wirbels auf das Anemometer treffen muß. Für diesen Wirbel ist der Radius der innersten Schal: $R_m{}^*$ und

$$-\alpha\left(\frac{R^*_m}{R_m}\right)^{\alpha-1}\cdot\frac{e^{\sqrt{1-\left(\frac{R^*_m}{R_m}\right)^{\alpha}}}}{2\sqrt{1-\left(\frac{R^*_m}{R_m}\right)^{\alpha}}}\cdot\frac{R^*_m}{R_m}+e^{\sqrt{1-\left(\frac{R^*_m}{R_m}\right)^{\alpha}}}-1=0$$

oder geordnet

$$e^{\sqrt{1-\left(\frac{R^*_m}{R_m}\right)^{\alpha}}}\left[1-\alpha\left(\frac{R^*}{R_m}\right)^{\alpha}\,2\,\frac{1}{\sqrt{1-\left(\frac{R^*_m}{R_m}\right)^{\alpha}}}\right]=1 \quad (2b)$$

Da in dieser für R_{m*}/R_m transzendenten Gleichung die Konstante α noch keinen Zahlenwert erhalten hat, muß sie für eine Reihe von Werten für α, z. B. für $\alpha = 1; 0{,}9; 0{,}8 \ldots.$ gelöst werden. Die Wurzeln für diese Werte enthält die folgende Tabelle:

Tabelle 2

α	R_{m*}/R_m
1	0,597
0,9	0,587
0,8	0,576

14. Der Impulssatz.

Um einen Einblick in den physikalischen Aufbau des Wirbelkörpers, in die Verknüpfung seiner kinetischen Größen mit der laminaren Geschwindigkeit der Masse, in die er eingebettet ist, zu erlangen, soll der Fließvorgang als Stoßvorgang gedeutet werden. Beim Stoße zweier Körper bleibt die Summe der Impulse erhalten. Vor Ausbildung der Wirbel habe die Masse die Translationsgeschwindigkeit V. Durch die Wirbelbildung bleibt nur ein Teil der fortschreitenden Geschwindigkeit von der Größe v erhalten. Da der Impulssatz gültig ist, so ist statt der Bewegungsgröße m (V — v) die Bewegungsgröße des drehenden Wirbels entstanden. Ohne hier tiefer in die Einzelheiten des Stoßvorganges eindringen zu können, wird die Annahme gemacht, daß hierbei die Umfangsgeschwindigkeit einer ausgezeichneten inneren Schale proportional wird der Translationsgeschwindigkeit der strömenden Masse. Winkelgeschwindigkeit und Radius dieser Schicht erhalten den Index 0, dann ist also

$$v = C \cdot \omega_0 \cdot R_0 \ldots\ldots (3)$$

Gleichung (3), wie auch Gleichung (1) haben durchaus hypothetischen Charakter. Ihre Aufstellung ist nur soweit als berechtigt anzuerkennen, als die Notwendigkeit anerkannt wird, das Modell eines Wirbels zu konstruieren, durch das gewisse Erscheinungen der strömenden Flüssigkeit erklärt werden können.

15. Der Parameter C.

Er muß eingeführt werden, um den äußeren Bedingungen, die zur Bildung der Wirbel führen, Rechnung zu tragen. Bei gewissen Bedingungen wird Wirbelbildung überhaupt nicht erfolgen, dann muß $C = 0$ sein, im entgegengesetzten Falle erfolgt ein Optimum der Bildung, wenn $C = 1$ ist. Für die Rechnung hat es sich als zweckmäßig gezeigt, $C = e^{\beta}$ zu setzen. Die Größe β charakterisiert also die Vorgänge, die mit dem Entstehen und Vergehen der Wirbel zusammenhängen und ist durch Bodenverhältnisse und Wetterlage bestimmt. Welche Größen bei der Bestimmung von β zu berücksichtigen sind, kann man aus den Böigkeitsuntersuchungen von St. Mohorovitsch (8) und C. S. Durst (9) entnehmen.

16. Die Sekundärwirbel.

Der Impulssatz führt dazu, sich eine Vorstellung zu machen, was bei den Überschneidungen der beiden Glieder eines Elementarwirbels bzw. überhaupt bei Überschneidung entsteht. Am einfachsten erscheint die Annahme, daß bei den Überschneidungen sich Wirbel kleineren Ausmaßes bilden.

Auch diese Wirbel sind wieder schalenförmig aufgebaut, die ausgezeichnete Schale hat aber eine Umfangsgeschwindigkeit, die nur ein Teil der ausgezeichneten Umfangsgeschwindigkeit des ursprünglichen Wirbels ist; die Größe dieses Teiles richtet sich nach der Größe des überschnittenen Gebietes, Abb. 3.

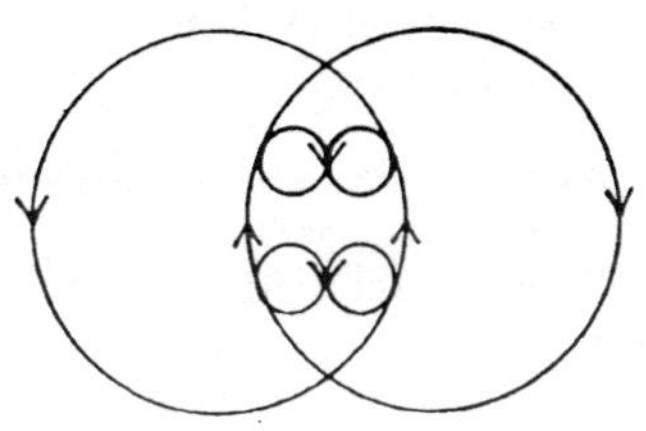

Abb. 3. Die Sekundärwirbel

Andererseits ist auch die Vorstellung naheliegend, daß an den Stellen dieser hypothetischen Sekundärwirbel die Luft in einen Schwingungszustand gerät, so daß also mit einem Wirbelzwilling die drei Arten mechanischer Energie der Bewegung — translatorische, rotatorische und oszillatorische Energie — verknüpft sind.

17. Die Höhe der Wirbel über dem Erdboden.

Zunächst werde angenommen, daß alle Wirbel auf dem Boden rollen. Das Anemometer habe die Höhe h (m) über dem Erdboden. Aus Abb. 4 entnimmt man

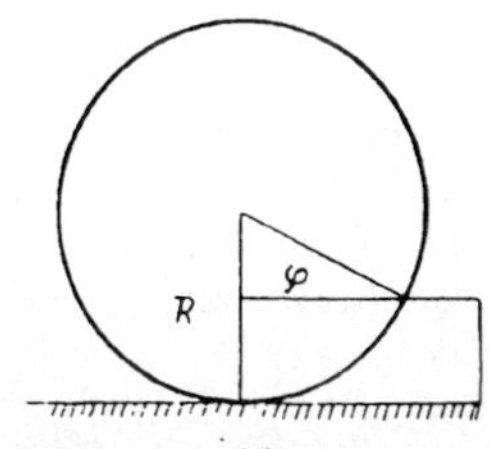

Abb. 4.
Einfluß der Anemometerhöhe auf die Registrierung

dann für den Neigungswinkel

$$\sin\varphi = \frac{R - h}{R}$$

Die zu diesem Neigungswinkel gehörende größte Amplitude ist

$$a = \omega\ (R - h)$$

Für R — h wird die Amplitude gleich Null, es existiert dann keine Komponente der Umfangsgeschwindigkeit in Richtung des mittleren Windes. Dieses Ergebnis erscheint für die Brauchbarkeit des Modells nicht günstig, da hieraus folgt, daß trotz vorhandener Turbulenzkörper in einem gewissen Niveau Schwankungen der Windstärke nicht bemerkt werden.

Auch eine andere Folgerung ist zu erörtern. Nach Tabelle 2 ist

$$R_m^* = 0{,}597 \; R_m,$$

wenn das Anemometer das absolute Maximum der Amplitude aufzeichnet. Es ist also dann

$$R_{m^*} + h = R_m$$

$$h = R_m - R_{m^*} = 0{,}403 \; R_m$$

d. h.

$$R_m = 2{,}48 \; h$$

Ist das Anemometer in 7 m Höhe über Boden aufgestellt, so ergibt sich als Radius der Walzen, bei deren Durchgang die größten Amplituden aufgezeichnet werden $R_m \sim 17$ m. Da in der Ableitung die mittlere Geschwindigkeit nicht enthalten ist, müßten also bei den verschiedenen mittleren Winden die Walzen mit maximaler Amplitudenaufzeichnung dieselbe Größe von 17 m haben. Es braucht natürlich die Amplitude nicht denselben Betrag zu haben. Darauf wird später eingegangen.

Bei einer anderen Höhe des Anemometers sind es andere Walzen, die die Maximalamplitude haben, je höher das Meßgerät aufgestellt wird, desto größeren Radius müssen diese Walzen maximaler Amplituden haben. Da die Größe der Walzen offenbar einem Gesetz unterworfen ist, daß die größeren Walzen weniger häufig sind als die kleineren, so müßten sehr bald große Windschwankungen mit der Höhe verschwinden. Dies ist aber nicht der Fall.

Es ist deshalb notwendig, falls man das Wirbelmodell beibehalten will, anzunehmen, daß sich auch Wirbel ausbilden können, die in der freien Atmosphäre schwimmen und den Boden nicht berühren. Alle Elementarwirbel, die sich in einer strömenden Flüssigkeit mit der Geschwindigkeit v bilden, haben unabhängig von ihrer Größe die ausgezeichnete Schale $v = C \cdot \omega_0 \cdot R_0$. Ist die Walze nur klein, so ist auch R_0 nach Tabelle 1 klein. Dafür ist dann ω_0 groß. Bei einer großen Walze ist es umgekehrt. Für die Entstehung der Maximalamplitude ist nur wesentlich, daß der Sinus des Neigungswinkels den Wert 0,597 hat. Es kommen also auch Walzen mit $R < 2{,}48 \cdot h$ vor, die das Maximum der Amplitude haben, wenn sie oberhalb des Bodens driften.

18. Die Registrierung beim Durchgang eines Elementarwirbels.

In Abb. 5 a sind die beiden Glieder eines Elementarwirbels gezeichnet. Er läuft längs der Geraden g durch

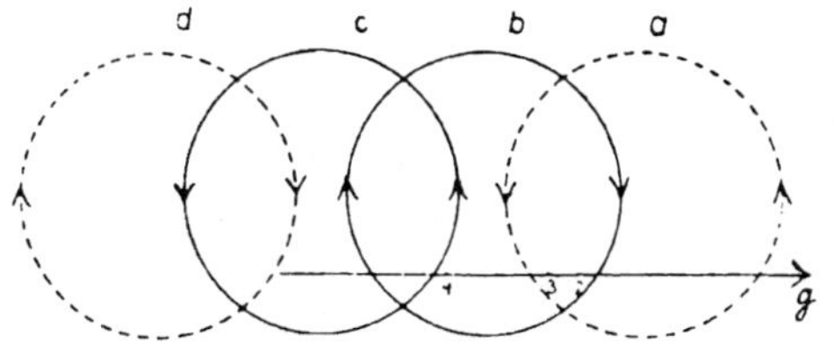

Abb. 5 a. Aufeinanderfolgende Wirbelwalzen

das Aufnahmeorgan des Böenschreibers. Die Strömung erfolgt von links nach rechts in der Pfeilrichtung. Das hintere Glied des vorangegangenen und das vordere Glied des folgenden Wirbels sind punktiert gezeichnet, die Glieder sind mit a, b, c, d bezeichnet. Der Umlaufsinn ist bei jedem Glied angegeben. Auf die Einzeichnung der Sekundärwirbel ist verzichtet. Die Ziffern 1—4 bezeichnen die Umkehrpunkte der Registrierung. Bei Punkt 1 wirkt die Vorderseite des Gliedes a. Es kommt zu einem oberen Extrem 1. Dann wirkt die vordere Seite des Gliedes b, sie erzeugt ein unteres Extrem 2, dann läuft der hintere Teil des Gliedes a hindurch und erzeugt wieder ein oberes Extrem, dem beim Durchgang des hinteren Teiles des Gliedes b wieder ein unteres Extrem folgt. Später naht das Glied c heran, wodurch es wieder zu einem oberen Extrem kommt. Diese Registrierkurve ist in Abb. 5 b wiedergegeben.

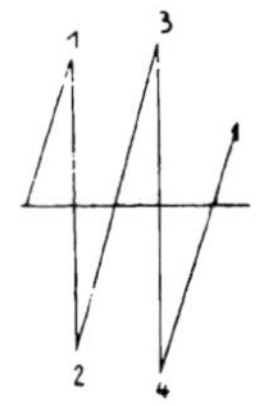

Abb. 5 b. Allgemeine Form der Registrierung

19. Die Lindenberger Böenregistrierung vom 23. 2. 1916.

In der Abb. 5 c ist diese Registrierung und zwar für die Zeit von 10,21 bis 10,31 bei $V_m = 10 \text{ m sec}^{-1}$ wiedergegeben. In ihr ist die Kurve, die von 10^h 24 min 30 sec bis 10^h 26 min 10 sec aufgezeichnet wurde,

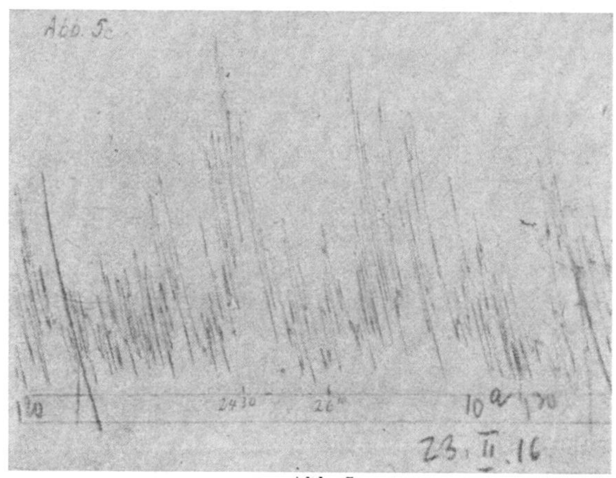

Abb 5c

hervorgehoben. Die beiden ersten oberen Extreme gehören dem hinteren Glied a eines vorangegangenen Wirbels zu, die beiden ersten unteren Extreme dem Glied b, die dann folgenden oberen Extreme einem Glied c, die weiter aufgezeichneten oberen Extreme einem Glied d, d. h. dem hinteren Gliede des auf den Elementarwirbel (b, c) folgenden Elementarwirbels. Nimmt man die aufeinanderfolgenden Elementarwirbel und auch ihre Höhe über dem Erdboden von verschiedener Größe an, so kann man alle Einzelheiten der Registrierung durch eine Folge von Walzen, die dem konstruierten Wirbelmodell entsprechen, deuten.

20. Der Böigkeitsfaktor.

Aus dem Amplitudensatz (2 a) und dem Impulssatz (3) folgt durch Division mit Benutzung der Beziehung $R_0 = 0{,}52$ Rm aus No 7

$$\frac{a^*}{v} = 1{,}92 \left[e^{\sqrt{1-(R^*/R_m)^\alpha}} - 1 \right] \frac{R^*}{R_m} \quad . . (4)$$

Das Verhältnis Amplitude: Mittelgeschwindigkeit, der Böigkeitsfaktor, ist also unabhängig von der Größe der Wirbel und von der mittleren Geschwindigkeit, es ist nur abhängig vom Neigungswinkel.

21. Der maximale Böigkeitsfaktor.

Die rechte Seite der Gleichung (4) ist abgesehen von dem konstanten Faktor gleich der rechten Seite der Gleichung (2a). Dort ist bereits der Wert von R^*_m/R_m berechnet worden, für den die linke Seite ein Maximum wird. Für $\alpha = 1$ war dies bei $R^*m/Rm = 0{,}597$ der Fall. Mit diesem Wert wird Gleichung (4)

$$\frac{a_{max}}{v} = 1{,}92 \left[e^{\sqrt{0{,}403}} - 1 \right] 0{,}597 = 1{,}0 \ldots$$

Hieraus wird, wenn beiderseits 1 addiert wird,

$$\frac{a_{max} + v}{v} = \frac{\text{oberer Extremwind}}{\text{Mittelgeschwindigkeit}} = 2{,}0 \,.\,. \qquad (4a)$$

und, wenn beiderseits von 1 subtrahiert wird,

$$\frac{v - a_{max}}{v} = \frac{\text{unterer Extremwind}}{\text{Mittelgeschwindigkeit}} = 0{,}0 \,.\,. \qquad (4b)$$

Das Ergebnis besagt, daß die Windschnelle (gust) das doppelte der mittleren Windgeschwindigkeit ist. Bei der Flaute (lull) tritt vollständige Windstille ein.

22. Einfluß des Instrumentes auf die Messung der Böigkeit.

Bei der Ableitung sind zwei Einflüsse nicht in Betracht gezogen worden. Zunächst schneidet das Aufnahmegerät mit seinem Flächenquerschnitt, der auf den Wirbel wirkt, eine Schicht endlicher Dicke heraus. Hierdurch wird die Maximalamplitude verkleinert und die Werte $a_{max} + v$ bzw. $\frac{v - a_{max}}{v}$ werden um denselben Betrag verkleinert bzw. vergrößert. Außerdem bilden sich am Böenschreiber selbst Wirbel aus, die ebenfalls die Amplitude verkleinern. Das vordere Glied dieses Instrumentes hat einen kleineren Einfluß als das hintere, da es gleich nach der Bildung das Aufnahmeorgan durchschritten hat, während das gegenläufige Glied noch längere Zeit wirken kann. Zwischen Schnelle und Flaute besteht also bezüglich des mittleren Windes bei der Böenregistrierung keine genaue Symmetrie.

Bei der Ableitung des Satzes wurde Symmetrie der beiden Glieder des Wirbels vorausgesetzt. Es sind aber auch unsymmetrisch gebaute Wirbel mit dem Impulssatz verträglich. Weiter ist die Materialkonstante = 1 gesetzt worden. Ist der eben berührte Instrumentaleinfluß bekannt, so könnten die Gleichungen 4a und 4b auf Grund der Tabelle 2 benutzt werden, um die Materialkonstante zu bestimmen.

23. Die beiden ersten Struktursätze von M. Robitzsch.

Aus den Nummern 21 und 22 folgt, daß bei einem böigen Wind mit konstanter Mittelgeschwindigkeit die Schnelle einen Betrag erreicht, der fast das Doppelte der mittleren Windgeschwindigkeit ist. Bei der Flaute sinkt die Windstärke fast bis auf Windstille ab. Dieses Ergebnis ist identisch mit den beiden ersten von M. Robitzsch 1918 veröffentlichten Struktursätzen des bodennahen Windes.

„Bei böigem Wind von einer Mittelgeschwindigkeit von a [mp. s] liegt das obere Extrem etwa bei 1,9a [mp. s], das untere Extrem etwa bei 0,2a [mp. sec]" und als Folge hieraus

„Die absolute Schwankung eines böigen Windes ist nahe proportional der mittleren Windgeschwindigkeit, und zwar hat die Schwankungsamplitude etwa den 1,7-fachen Wert der mittleren Geschwindigkeit.

24. Der Periodensatz.

Eine wichtige Beobachtungsgröße, über die noch wenig Erhebungen vorliegen, ist die Zeit, die zum Durchgang eines Elementarwirbels erforderlich ist. Sie heiße die Periode T. Hat bei Beginn der Zeitzählung der äußere Rand des ersten Gliedes den Böenschreiber erreicht, so ist bei einem Neigungswinkel φ der äußere hintere Rand des vorderen Gliedes um $2\,R \cos \varphi$ [m] vom Böenschreiber entfernt. Da jeder Massenpunkt die Translationsgeschwindigkeit v [m sec^{-1}] besitzt und dieser Weg in $\frac{T}{2}$ Sekunden zurückgelegt wird, ist

$$\frac{T}{2} \cdot v = 2\,Rm \cos \varphi \ldots\ldots (5)$$

In dieser Gleichung sind T und v zu messen. Eine Bestimmung der Größe des Wirbels ist aber durch sie nicht möglich, da noch der cos des Neigungswinkels in die Gleichung eingeht. Dieser kann aber nicht gemessen werden. Die Gleichung (5) benutzt im Prinzip schon E. Barkow in der erwähnten Arbeit.

25. Das vollständige Gleichungssystem des Elementarwirbels.

Die Gleichungen 2, 3 und 5, d. h. der Amplituden-, Impuls- und Periodensatz bilden ein vollständiges Gleichungssystem mit den drei Unbekannten R_m ω_0 und φ. Aus ihnen kann also mit Hilfe der meßbaren Größen T, a und v jede der unbekannten Größen ermittelt werden. Die Rechnung ist bisher nicht durchgeführt worden. Über die Messung der Größe T bestehen auch z. Zt., wie bereits erwähnt, noch keine erschöpfenden Erhebungen. Der Nutzen einer solchen Rechnung besteht u. a. in der Feststellung, welche von den beobachteten Wirbeln auf dem Boden rollten und welche Wirbel oberhalb des Bodens in den einzelnen Höhen fortbewegt wurden.

26. Die häufigste Wirbelgröße.

Zur weiteren Untersuchung der Größe der Wirbelelemente kann der Maxwellsche Verteilungssatz herangezogen werden. Dieser sagt aus, in welcher Weise sich die Geschwindigkeiten über die Molekel verteilen. Bei seiner Ableitung ist die Unabhängigkeit der Verteilung von der Zeit vorauszusetzen. Es gilt also nur für einen stationären Zustand. Stellt man nun die Größen der Wirbel an einem Ort auf Grund einer genügend langen Beobachtungsreihe statistisch zusammen, so kann man annehmen, daß auch diese der Maxwellschen Verteilung gehorchen, da sie in ihrer Gesamtheit von der Zeit unabhängig sind.

Die Verteilungsfunktion ist

$$\psi(R^2) = \frac{2.26}{R_h} \cdot \left(\frac{R}{R_h}\right)^2 \cdot e^{-(R/R_h)^2}$$

Sie hat für $R/Rm = 1$, d. h. für $R = R_h$ einen Maximalwert.

Die Wahrscheinlichkeit ist dann $0{,}83/R_h$. Sie ist nur 0,01, wenn $R = 2{,}72\ R_h$ ist. Nach den Messungen von Barkow ist dies bei Turbulenzkörpern von 120 m Länge, das ist für $R \sim 40$ m der Fall. Setzt man die Wahrscheinlichkeit gleich 1 %, so ist also $R_h = \frac{40}{2{,}42} = 14{,}7$. Da der Durchmesser der Turbulenzkörper ungefähr das Dreifache des Radius der Glieder der Wirbelatome ist, ergibt sich als häufigster Turbulenzkörper der Wert $\backsim$ 40 m, was mit den Barkowschen Angaben übereinstimmt.

C. Energetik des Elementarwirbels.

27. Empirische Bestimmung der kinetischen Energie böigen Windes.

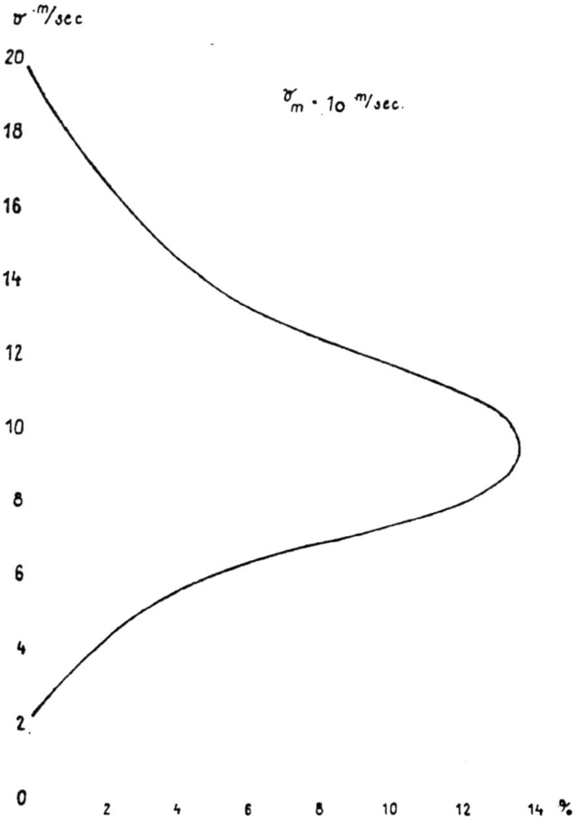

Abb. 6

Im Anschluß an seine erwähnte Arbeit hat M. Robitzsch die prozentuale Häufigkeit der Schwankungsamplituden eines bestimmten mittleren Windes, z. B. den von 10 m/sec ermittelt und diese graphisch dargestellt, Abb. 6. Um aus dieser Figur die mittlere turbulente Strömungsenergie berechnen zu können, muß noch eine Angabe über den Verlauf einer Schwankung gemacht werden. In erster Annäherung an die Beobachtung wird angenommen, daß die Geschwindigkeitszunahme gleich der der Abnahme ist und daß ebenfalls die Zeit des Zuwachses gleich der der Abnahme ist, Abb. 7a. Wenn die Registrierungen dieses Bild selten geben, so liegt dies u. a. daran, daß die vorausgesetzte gleichbleibende mittlere Windgeschwindigkeit nur selten herrscht. Wird die halbe Schwankung mit a bezeichnet, so ist die mittlere Geschwindigkeit auf der ersten Hälfte des Weges $v + \frac{a}{2}$, auf der zweiten $v - \frac{a}{2}$, die Energie der Masseneinheit $\frac{1}{2}\left(v + \frac{a}{2}\right)^2$ bzw. $\left(v - \frac{a}{2}\right)^2$ und die mittlere Energie während der ganzen Schwankung

$$l = \frac{1}{4}\left[\left(v + \frac{a}{2}\right)^2 + \left(v - \frac{a}{2}\right)^2\right] = \frac{1}{2} v^2 \left[1 + \frac{1}{4}\left(\frac{a}{v}\right)^2\right]$$

Die Häufigkeit der Amplitude a bei N Beobachtungen sei h_v, die turbulente Strömungsenergie dieser Schwankung ist also

$$l_v{}^{h_v} = 0^2 . h_v\, l_v = \frac{1}{2}\ v^2 . h_v \left[1 + \frac{1}{4}\left(\frac{a_v}{v}\right)^2\right]$$

Die durch die N Beobachtungen gegebene gesamte Strömungsenergie ist dann:

$$L = \Sigma\, l_v = \frac{1}{2}\ v^2\, \Sigma\, h_v \left[1 + \frac{1}{4}\left(\frac{a_v}{v}\right)^2\right] ,$$

und die mittlere turbulente Strömungsenergie wird

$$L_m = \frac{1}{2}\ v^2\, \Sigma h_v \left[1 + \frac{1}{4}\left(\frac{a_v}{v}\right)^2\right]$$

$$= \frac{1}{2}\ v^2 \left[1 + \Sigma\, \frac{h_v}{4N}\left(\frac{a_v}{v}\right)^2\right] \quad . \; . \; . \; . \quad (6)$$

Zur Auswertung dieser Formel ist an Hand der Abb. 6 die folgende Tabelle 3 berechnet worden. Hieraus ergibt sich

$$\Sigma\, \frac{h_v}{4N}\left(\frac{a_v}{v}\right)^2 \text{ zu } 0{,}018 \text{ und } L_m = \frac{1}{2}\ v^2 . 1{,}018$$

Die Turbulenz vergrößert also nach dieser Auffassung die Energie der laminaren Geschwindigkeit im Mittel von einer größeren Reihe von Beobachtungen nur um ca 2 %.

Tabelle 3

7	0.7	0.49	1 %	0.49	
6.1	0.615	0.375	2	0.75	
5.5	0.55	0.301	3	0.90	
4.8	0.48	0.23	4	0.92	
4.4	0.44	0.194	5	0.97	
3.8	0.38	0.144	6	0.86	$N = 120$
3.4	0.34	0.116	7	0.81	
3.0	0.30	0.09	8	0.72	
2.6	0.26	0.067	9	9.60	$\frac{1}{4N} = \frac{8.4}{480} = 0{,}018$
2.2	0.22	0.048	10	0.48	
1.8	0.18	0.032	11	0.35	
1.5	0.15	0.022	12	0.26	
1.2	0.12	0.014	13	0.18	
0.8	0.08	0.006	14	0.08	
0.4	0.04	0.0016	15	0.024	
				8.4	

Eine genauere Betrachtung der Registrierkurve zeigt, daß die Schwankung häufig zwei dicht aufeinanderfolgende Maxima bzw. Minima zeigt, Abb. 7b. Dadurch vergrößert sich die mittlere turbulente Energie. Sie bleibt aber jedenfalls unterhalb des vierfachen

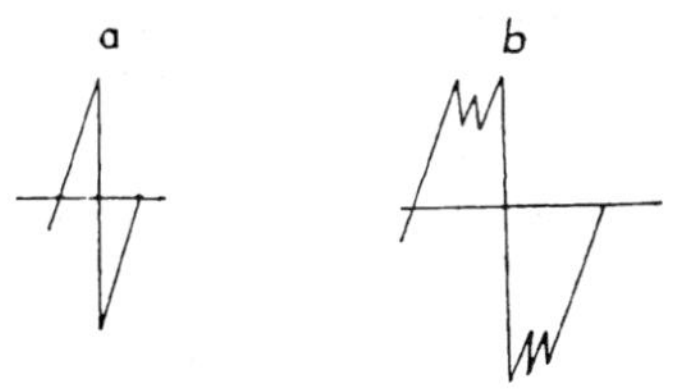

Abb 7 Schematische Vereinfachung der Registrierung

Betrages. Setzt man für die mittlere Geschwindigkeit auf der ersten Hälfte des Weges v + 0,6a, so wird der zweite Summand der eckigen Klammer in Gleichung 6 gleich $0{,}36\left(\frac{av}{v}\right)^2$ und die mittlere turbulente Energie erhält gegenüber der laminaren einen Zuwachs von 2,5 %. Während kurzer Zeit nimmt natürlich die Turbulenzenergie ein Vielfaches dieses Wertes an. Sie kann, wie die Lindenberger Beobachtungen zeigen und aus der rechten Reihe der Tabelle 3 folgt, 18—25 % größer sein als die des dazugehörigen mittleren Windes.

Bei dieser Berechnung ist von der drehenden Bewegung nur die Komponente in Richtung der mittleren Geschwindigkeit berücksichtigt worden. Für die Größe der turbulenten Energie spielen natürlich auch die darauf senkrechten Komponenten eine Rolle. Im Mittel wird dieser Zuschlag ebenso groß sein. Insgesamt beträgt also die Energie der turbulenten Strömung in der Nähe des Bodens ca. 7 % mehr als die laminare.

28. Die turbulente Strömungsenergie der Elementarwirbel.

Jede Schale des Elementarwirbels hat die kinetische Energie

$$l = \frac{\Delta m}{2} \cdot \omega^2 R^2,$$

die gesamte Drehenergie der Walze ist

$$E = \frac{1}{2} \Sigma \Delta m \cdot \omega^2 R^2,$$

die translatorische Energie der Masse des Wirbels ist

$$L = \frac{1}{2} m v^2,$$

die gesamte Energie der turbulenten Strömung ist also

$$K = L + E = \frac{1}{2} m v^2 + \frac{1}{2} \Sigma \Delta m \cdot \omega^2 R^2 \; . \; . \; (7)$$

$$= \frac{1}{2} m v^2 \left[1 + \frac{\Sigma \Delta m \cdot \omega^2 R^2}{v^2 \, \Sigma \Delta m}\right] = \frac{1}{2} m v^2 \, (1 + \varepsilon)$$

und

$$\frac{K}{L} = \eta = 1 + \varepsilon.$$

Der Summenausdruck rechts kann als Integral geschrieben werden. Die Masse einer Schale ist $\Delta m = \rho \, 2\pi R \cdot dR \cdot b$, wo ρ die Dichte, R der Radius und b die Länge der Walze ist. Die gesamte Masse ist $m = \Sigma \Delta m = \rho \cdot R_m^2 \pi \cdot b$. Es wird also

$$\varepsilon = \frac{2\pi \, \rho \cdot b}{v^2 \cdot \rho \cdot R_m{}^2 \cdot b} \cdot \int_0^{R_m} R^3 \cdot \omega^2 \cdot dR = \frac{2}{v^2 \, R_m{}^2} \cdot \int_0^{R_m} R^3 \, \omega^2 \, dR$$

oder wenn man mit R^4 erweitert, für ω den Feldsatz anwendet, für R_m aus Tabelle 1 den Wert R_0 entnimmt, den Impulssatz zu Hilfe nimmt und $\beta = 0$ setzt

$$\varepsilon = 3{,}84 \int_0^1 x^3 \left(e^{\sqrt{1-x}} - 1\right)^2 dx \; . \; . \; . \; . \; . \; . \; . \; (7a)$$

wo $x = R/R_m$ gesetzt ist. Die numerische Auswertung des bestimmten Integrals der rechten Seite ergibt den Wert 0,086.

Hiermit wird $\varepsilon = 0{,}332$
bzw. $\eta = 1{,}332$

Die kinetische Energie der turbulenten Strömung ist also ca 33 % höher als die der laminaren Strömung gleicher mittlerer Geschwindigkeit. Die Größe 2 ist der Teil der gesamten kinetischen Energie, der von der Walzenbildung herrührt. Er ist, wie die Gleichung (7a) zeigt, unabhängig von der jeweiligen mittleren Windstärke. Bei der Rechnung wurde der Parameter der Nummer 15, durch den die äußeren Bedingungen, die den Stoßvorgang der Flüssigkeitsteilchen bestimmen, gleich 1 gesetzt. Dadurch ergab sich der errechnete Betrag von ε ungefähr viermal so groß wie der empirisch aus den Amplituden ermittelte. Man muß also, will man das Wirbelmodell beibehalten, annehmen, daß die äußeren Bedingungen zu einer Reihe von Parametern führen, die eine Maxwellsche Verteilung besitzen. Durch die Fähigkeit des Wirbelmodells, sich in dieser Weise den durch Messungen ermittelten Verhältnissen anzupassen, erhält dieses also einen gewissen heuristischen Wert.

29. Entstehen und Vergehen der Wirbelenergie.

Kinetische Energie bildet sich in der Atmosphäre, indem die einem Teil zugeführte Wärme, durch die Ausdehnungsarbeit transformiert, als mechanische Energie dem anderen Teil der Atmosphäre zugeführt wird. In den vorstehenden Erörterungen wird die Annahme gemacht, daß der Bewegungszustand einer Luftmasse in laminar bewegten Schichten, in denen sich Wirbelwalzen ausbilden, besteht. Diese Wirbelwalzen treten stets in Haufen auf. Laminare Strömung und Wirbelwalzen sind eine Einheit. Die Wirbelwalzen sind äußerst vergängliche Wesen. Wegen der radialen Abnahme der Winkelgeschwindigkeit mit der Entfernung von der Drehachse wirkt besonders neben der molekularen, die molare Diffusion, d. h. der Austausch. Die Drehenergie, die durch Stoß der Teilchen aus der laminaren Energie entstanden war, geht also bald in Wärme über. Dann entstehen neue Wirbel, die dasselbe Schicksal haben, bis die gesamte kinetische Energie in Wärme übergeführt wird. Die thermohydrodynamische Berechnung dieses Vorgangs steht noch aus.

30. Andere Schätzungen und Berechnungen der turbulenten Strömungsenergie.

S. P. Langley (10), der die erste eingehende Studie über die Turbulenz veröffentlicht hat, die er internal work of wind nennt, kommt zu dem Schluß, daß der Bestandteil der kinetischen Energie des Windes, der aus der Turbulenz herrührt, wahrscheinlich einen sehr großen Betrag erreicht. Eine Berechnung, im Anschluß an die herrschende Turbulenzlehre, hat Th. Hesselberg (11) gegeben. Er bezeichnet die halbe Schwankungsperiode mit u und findet für die kinetische Energie eines kg einer turbulenten Strömung den Ausdruck

$$K = \frac{1}{2} m v^2 + \frac{1}{2} m u^2$$

$$\frac{K}{L} = \eta = \left(1 + \frac{u^2}{v^2} \right)$$

Mit $v = 10 \text{ m sec}^{-1}$ und $u = 5 \text{ m sec}^{-1}$ findet er

$$K = 50 + 12{,}5 = 62{,}5 \ [\text{Joule/kg}]$$

oder mit den hier in dieser Arbeit gebrauchten Symbolen

$$\eta = \frac{62{,}5}{50} = 1{,}25$$

d. h. die Energie der turbulenten Strömung ist 25 % höher als die der laminaren Strömung gleicher mittlerer Geschwindigkeit. H. Lettau (12) hat diesen Ansatz übernommen und ihn auf die mittlere Geschwindigkeit $v = 5 \text{ m sec}^{-1}$ und die Schwankungsamplitude 1 m sec^{-1} und 4 m sec^{-1} angewandt. Im ersten Fall ergibt sich der Turbulenzanteil zu 4 %, im zweiten Fall zu 64 %! Der Ansatz von Hesselberg geht auf die von M. Robitzsch gefundene Gesetzmäßigkeit nicht ein, sie gibt auch nicht eine geometrische Vorstellung von der Natur des Wirbels. Die vorliegende Arbeit ist deshalb als eine Ergänzung der vorhandenen Turbulenzstudien aufzufassen. Die Verwendbarkeit des Modells ist, wie noch einmal hervorgehoben werden soll, beschränkt. Bei dem Versuch, die Turbulenz zu veranschaulichen, kann es aber vielleicht doch, untergepflügt in den Nährboden der Erkenntnis, brauchbar sein.

Schrifttum.

1) *M. Robitzsch*, Beiträge zur Kenntnis der Struktur des Bodenwindes. Die Arbeit des Preußischen Aeronautischen Observatoriums bei Lindenberg. Braunschweig, Vieweg-Sohn, 1919, S. 66—94.

2) *Th. Rümelin*, Wie bewegt sich fließendes Wasser? Dresden 1913.

3) *H. Bénard* et *D. Avsec*, Travaux récents sur les tourbillions cellulaires. Jour. de phys. Sér. X, 9, 1938, S. 486.

4) *E. Barkow*, Über die thermische Struktur des Windes, Met. Z. *32*, 1915, S. 9.

5) *S. Seilkopf*, Stürme und Orkane auf dem Ozean und ihre Bedeutung für Schiffahrt und Luftfahrt in „Wind, Wetter und Wellen auf dem Weltmeere, 1940, Mittler u. Sohn, Bln., S. 99.

6) *L. Prandtl*, Führer durch die Strömungslehre, F. Vieweg-Sohn, Braunschweig, 1942, S. 70.

7) *B. Eck*, Technische Strömungslehre, J. Springer, Berlin, 1941, S. 35.

8) *St. Mohorovich*, Untersuchungen des Windes in Radziechow in Galizien. Bulletin Des Travaux De La Classe Des Sciences Mathematiques Et Naturelles De L'Academie . . . . . Des Slaves Du Sud De Zagreb, Zagreb, 1920, S.

9) *C. S. Durst*, Notes on the variations in the structure of wind over different surfaces, Quart. Jour. Okt. 1933, S. 361.

10) *S. P. Langley*, The internal work of the wind, Smithsonian Contrib. 884, Washington 1893.

11) *Th. Hesselberg*, Die kinetische Energie des Windes. Physik d. fr. Atm. Bd. XIV, Leipzig, Akad. Verl. Ges. 1928, S. 35—38.

12) *H. Lettau*, Atmosphärische Turbulenz. Akad. Verl. Ges. Leipz. 1939, S. 167 ff.

Über den Temperaturverlauf bei Saaletalnebel

Von H. G. Koch-Weimar

mit 6 Abbildungen

Zusammenfassung:

Die bei Jena sehr häufigen Strahlungsnebel entstehen innerhalb der nächtlichen Bodeninversion des Saaletales und lassen im Temperatur- und Feuchteverlauf interessante Unterschiede zwischen Tal und Höhe erkennen. Während diese meist einen ungestörten Verlauf zeigen und nur selten vom Talnebel überflutet werden, tritt in der Saaleaue bei Nebelbildung ein Temperaturanstieg und damit vollständiger Ausgleich lokaler Gegensätze ein. Bei Nachtfrostgefahr kann der Nebel als Wärmeschutz wirken, allgemein macht er sich jedoch gerade an Schönwettertagen als sehr unangenehm bemerkbar. An einigen Einzelfällen wird eingehend der Unterschied zwischen dem Tal- und Höhenklima dargestellt.

Die Lage der Stadt Jena im Erosionstal der mittleren Saale hat ein ausgesprochenes Eigenklima zur Folge, das sich von dem des frei und höher gelegenen Thüringer Beckens in vielen groß- und kleinklimatologischen Elementen wesentlich unterscheidet. Das Klima des Tales ist also ein durch die Orographie abgewandeltes Sonderklima, während die normalen, den regionalen Grundbedingungen entsprechenden Temperatur- (und anderen Klima-)verhältnisse auf den 200 m höheren Plateaus beiderseits der Saale angetroffen werden. Schon im Jahre 1933 waren durch den Verfasser in Schönwetternächten mittels Kraftwagen Temperaturmessungen durchgeführt worden[1]), die die starke Abhängigkeit der ungestörten Wärmeschichtungen von der Geländeform veranschaulichen. Es ergaben sich dabei innerhalb des Saaletales eine kräftige Temperaturumkehr, darin eingebettet die Wärmeinsel des Stadtgebietes sowie an den Hängen der „Berge" schroffe Übergänge von dem Kälteschlauch der Saaleaue zu den im Gegensatz zum Tale als warm erscheinenden Hochflächenkanten; die dahinter anschließenden Hochflächen selbst stellen nunmehr mit ihren eigenen Lokalklima erst die normale Bezugsebene für Jena (und Thüringen) dar. Es bestätigt sich hier das im Lehrbuch von Geiger[2]) anschaulich wiedergegebene Schema: kalte Talsohle, eigenes Höhenklima, warme Hangzone und warme Zone über der Talmitte zwischen den Talwänden (vergl. dort Abb. 91).

Zum Zweck einer genauen Darstellung der Temperaturschichtung an den Hängen als den Übergängen zwischen Tal und Höhe wurden im Sommer 1945 im Rautal, einem 3 km nördlich von Jena von Westen einmündenden Seitental der Saale Temperaturmessungen zu allen Tageszeiten durchgeführt. Auf dem 219 m

[1]) *H. G. Koch:* Die Saaletalnebel bei Jena. Met. Zeitschr. 52, 10, 1935.

[2]) *R. Geiger:* Das Klima der bodennahen Luftschicht, 2. Auflage, S. 192, 1942.

hohen Gipfel des dem Talausgang vorgelagerten Spitzkegels des „Heiligen Berges“ fand sich eine Meßstelle für die „freie Atmosphäre“ innerhalb der warmen Zone über dem Saale-Haupttal. Zwischen diesem und dem zum Jägerberg aufsteigenden großen Südhang des Rautales lag in dem Talkessel der Siedlung (Wetterhütte mit Thermograph 170 m NN) diejenige Stelle des ganzen Rautales, welche die größten Tagesamplituden überhaupt, also nachts die tiefsten und tags die höchsten Temperaturen aufwies. Nur die Südhänge der windgeschützten, also unteren Hanglagen erreichten während der Sonnenbestrahlung in einer bodennahen Lufthaut Maxima, die jene um viele Grade übertrafen. Eine zweite Wetterhütte befand sich in nur 1,2 km Horizontalentfernung auf dem 340 m hohen Jägerberg, an einer frei und hoch gelegenen Stelle am oberen Ende des Südhanges und am Rande des Saale-Ilmplateaus. Es ergab sich, daß diese Station nachts noch der „warmen Hangwindzone“ und noch nicht dem Eigenklima des dahinter um 30 m höher liegenden Plateaus (Flugplatzgelände) angehört. Hier wurden infolgedessen denkbar kleine Tagesamplituden der Temperatur im scharfen Gegensatz zur Talstation gemessen.

Über das Hanglagenklima des vorgelagerten, exponierten Heiligen Berges, des großen Jägerberghanges und der Hochfläche wird an anderer Stelle zu berichten sein. Hier seien lediglich die Temperatur- und Feuchtemessungen wiedergegeben, die sich auf Nächte mit Strahlungsnebel im Saaletal beziehen. Diese „Saaletalnebel“ nehmen in der Schönwetterklimatologie von Jena und ganz allgemein im Leben der Stadt einen breiten Raum ein. Ihre auffallenden Erscheinungsformen sowie die sinnfällige Veranschaulichung der Temperaturschichtung lassen ihre Betrachtung besonders vordringlich erscheinen.

Ihr Vorkommen beschränkt sich zwar nicht auf die heiße Jahreszeit, jedoch sind sie während der Frühjahr- und Sommerhochdrucklagen am besten ausgeprägt und von Front- und Mischungsnebeln der kalten Jahreszeiten gut zu unterscheiden. Eine Auszählung der heiteren Tage mit und ohne Nebel aus den Klimatagebüchern der Sternwarte gibt als elfjähriges Mittel über die Sommermonate der Jahre 1935—1945 folgende Verteilung:

	Juni	Juli	August	September	Mittel
Anzahl der heiteren Tage . .	9,1	9,6	12,5	11,7	10,7
davon ohne Talnebel	6,2	4,1	4,1	1,1	3,9
mit Talnebel . .	2,9	5,5	8,4	10,6	6,8

An mehr als der Hälfte aller heiteren Tage des Sommers treten also Saaletalnebel auf. Es entspricht dem jahreszeitlichen Gang von Temperatur und Feuchte sowie dem synoptischen Ablauf, daß im Juni die nebelfreien Schönwettertage noch stark überwiegen. Jedoch schon im Juli, dem Monat der maximalen durchschnittlichen Dampfspannung, gibt es mehr heitere Tage mit als ohne Talnebel. Im September, wo die Nachttemperaturen bereits stark zurückgehen, bringt praktisch jede heitere Nacht Talnebel. Der September ist zwar auch in anderen Gegenden der klassische Monat der Strahlungsnebel, jedoch ist im Saaletal seine Häufigkeit gegenüber den thüringischen Flachlandstationen wesentlich größer.

Die Entstehung der Saaletalnebel erfolgt aus ständig zunehmendem Taldunst und flachen Nebelschwaden über den Saalewiesen meist einbruchartig, indem besonders aus den westlichen Seitentälern, wo die Nebelbildung wegen der größeren Kälte zuerst vor sich geht, die Bergwinde den Nebel ins Haupttal hineintragen. Hier weht in heiteren und sonst windschwachen Nächten mit großer Beständigkeit ein Südwind von der Stärke 2 bis 3, der als Ausgleichströmung zwischen Thüringer Wald und dem Flachland der Leipziger Bucht das ganze Mittelgebirgsvorland, mit besonderer Intensität jedoch bei Jena, als „Saaletalwind“ überfließt[3]). Er bewirkt scheinbar eine Ausbreitung des Nebels von Süd nach Nord. In Wirklichkeit jedoch breitet sich der Impuls zur Nebelbildung bei Luftsättigung viel rascher als mit Windgeschwindigkeit aus, indem der Nebel an vielen Stellen des Tales zugleich entsteht und dann sofort von der bestehenden Südströmung nach Norden verfrachtet wird, so daß häufig der Eindruck eines advektiven Nebeleinbruches entsteht. In weniger als einer Stunde ist das Tal bis zu einer Höhe von 250 bis 280 m NN, also ungefähr bis zur unteren Waldgrenze der umgebenden Talhänge („Berge“), mit dichtestem Nebel erfüllt, der, häufig stark nässend und Sichtrückgang auf 20 bis 50 m bewirkend, physiologisch auf das organische Leben im Tal recht nachteilig wirkt. In Verein mit dem durchaus spürbaren Saaletalwind kommt in den sommerlichen Frühstunden eine beträchtliche feuchte Abkühlungsgröße zustande. Er bedeutet deshalb eine empfindliche und nachteilige Störung gerade der hochsommerlichen Schönwettervormittage. Im dichten Nebel des Tales will es selbst dem Erfahrenen nur selten glaubhaft erscheinen, daß die Höhen frei sind. Auch beim Aufstieg über die Hänge des oberen Buntsandsteines und des unteren Muschelkalkes ist von einer Auflockerung nichts zu erkennen. Diese erfolgt gewöhnlich mit dem Erreichen des oberen Wellenkalkhorizontes schlagartig, indem der Übergang vom dicksten Nebel zur Wolkenlosigkeit unerwartet rasch vor sich geht, da die Obergrenze scharf abgeschnitten ist. Beim Ausblick von den Höhen über 300 m NN sieht man bei wolkenlosem Himmel die Berge und Hochflächenkanten der Umgebung über der dichten Nebeldecke der Haupt- und Seitentäler herausragen. Hier wird die Talinversion durch den Nebel deutlich sichtbar gemacht, indem sich an dessen Obergrenze der Übergang vom Tal- zum Höhenklima vollziehen muß. Der Zeitpunkt der Talnebelbildung liegt im Hoch- und Spätsommer allgemein 2 bis 3 Stunden vor Sonnenaufgang, also noch vor dem Temperaturminimum. Seltener entsteht der Nebel erst nach Hellwerden; jedoch kommen schwächere Bildungen auch nach Sonnenaufgang vor. Die Auflösung erfolgt an ganz verschiedenen Stunden des Vormittags. Trotz größter Dichte ist selbst bei bedecktem Himmel der Nebel immer bis 12 Uhr Ortszeit bereits aufgelöst.

Für die Temperatur in Nebelnächten ist ein ganz bestimmter Verlauf charakteristisch (Abb. 1): Nach normalem Rückgang in der ersten Nachthälfte (A—B) erfolgt zur Zeit des Nebeleinbruches ein zunächst rascher, dann etwas langsamer Anstieg B—C von halb- bis einstündiger Dauer infolge der am Taupunkt frei

[3]) Vergl. *H. G. Koch:* Eine tagesperiodische Ausgleichströmung über Thüringen. (Vergleiche dieses Heft S. 138.)

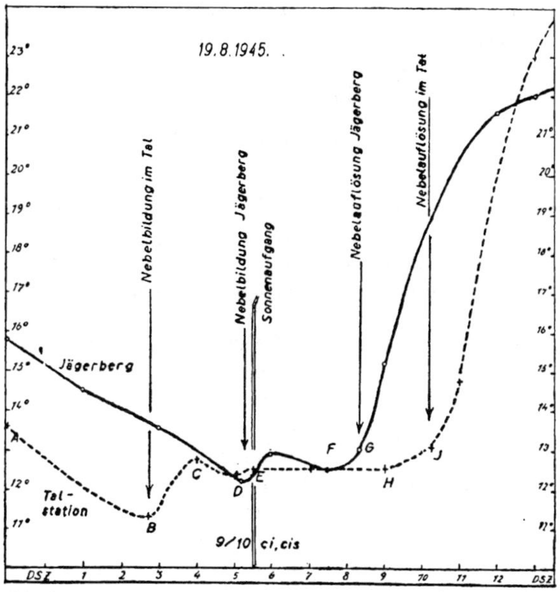

Abb. 1: Charakteristischer Temperaturverlauf bei Saaletalnebel. Ungestörte Kurve der Bergstation, Erwärmung durch Kondensation im Tal.

werdenden Kondensationswärme und einer gewissen vertikalen Durchmischung. Die Beseitigung der Temperaturumkehr ist dabei, wie sich noch zeigen wird, im Höhenbereich des Talnebels eine vollkommene; somit müssen die bodennahen kältesten Schichten sich auf die Temperatur der höheren Nebelschichten erwärmen. Nach beendeter Nebelbildung tritt bis Sonnenaufgang wiederum leichte Abkühlung ein, da nunmehr die gesamte Nebelmasse der Ausstrahlung unterliegt. Ebenso erwärmt sich diese als ganzes nach Sonnenaufgang (D—E), indem sich die von der obersten Schicht absorbierte Sonnenenergie durch Wärmeleitung den unteren Schichten mitteilt. Regionale Unterschiede im Nebelgebiet bestehen auch dann weder in horizontaler noch vertikaler Richtung. Der Zeitpunkt der Nebelauflösung F macht sich eine zeitlang vorher durch stärkeren Temperaturanstieg auch am Erdboden bemerkbar (E), schon ehe dem Nebel eine Auflockerung anzusehen ist. Dann setzt, nachdem keine Energie für die Verdunstung mehr verbraucht wird, ein so rascher Temperaturanstieg ein, daß in kürzester Zeit das Wärmedefizit des Vormittags, das durch den lang anhaltenden Nebel verursacht war, eingeholt und der normale Einstrahlungstyp hergestellt wird. Die nebelfreie Höhenstation des Jägerberges bleibt während des ganzen Vorganges im Temperaturgang völlig unberührt, indem sie sich wie im Normalfall bis nach Sonnenaufgang abkühlt und mit dem Beginn der Bestrahlung erst langsam, dann rascher erwärmt. Die Temperaturdifferenz zum Tal ist deshalb zu der Zeit am größten, wo die Höhen schon stark erwärmt sind, das Tal damit aber erst zur Zeit der Nebelauflösung beginnt.

In Nächten, für welche Frostgefahr besteht, kann unter gegebenen Umständen der Nebel einen bedeutenden Frostschutz bedeuten. Schon die Unterbindung eines weiteren Temperaturabstieges kann ähnlich wie bei einer Wolkendecke das Erreichen der Nullgradgrenze verhindern. Bei der großen Häufigkeit, welche die Saaletalnebel besonders in den frühfrostgefährdeten Jahreszeiten des Herbstes aufweisen und bei der starken Bedrohung, denen späte Garten- und Feldfrüchte zu Anfang des Herbstes ausgesetzt sind, bedeuten sie einen wichtigen und wirkungsvollen Frostschutz. Ohne sie wäre gerade die Saaleaue infolge der starken Kaltluftbildung sehr benachteiligt.

Der Temperaturverlauf einer Nebelnacht an allen wichtigen Meßstellen des unteren Rautales ist in der ersten Nachthälfte dem von normalen Strahlungsnächten völlig gleich (s. auch Abb. 2). Erst mit dem Erreichen des Taupunktes kurz nach 3 Uhr tritt in allen Talstationen ein Anstieg ein, am meisten dort, wo die Abkühlung am stärksten gewesen war, also in Bodennähe der Taltation T mit 1,5 Grad. Auch die Hangstation M auf halber Höhe des vorgelagerten Heiligen Berges und der Gipfel erfahren bei der Nebelbildung einen Anstieg, der jedoch nur so groß ist, daß an allen Stationen im Nebelbereich nahezu Temperaturausgleich besteht. Dieser ist von 4 bis 9 Uhr vorhanden. Während dieser langen Zeit sind die mikroklimatischen Unterschiede ausgetilgt und bei der unbedeutenden Erwärmung nach Sonnenaufgang alle Messungen innerhalb der dichten, oft stark nässenden Nebelmasse im Gegensatz zu der sonst hier herrschenden Mannigfaltigkeit von geringem Interesse. Einzig die Aufstiege über den eingehüllten Hang Hu des Jägerberges und den im oberen Teil bereits nebelfreien Hang Ho zur Höhe 340 m bringen wieder lokale Unterschiede, die sich jedoch auf die nebelfreie Zone beschränken. Erst nach vollkommener Nebelauflösung (09 Uhr) trennen sich die Temperaturkurven der Talstationen voneinander und ordnen sich zum normalen Einstrahlungstyp, indem zunächst die besonnten Hänge, dann die Talstation in der Erwärmung die Jägerbergstation rasch überflügeln.

Die Unterschiede zwischen dem Nebelgebiet der Talstationen und der sonnenbeschienenen Höhe ist je nach den Voraussetzungen sehr verschieden. Im Normalfall sind von vornherein die Berge schon in der ersten Nachthälfte um so viel wärmer, daß trotz des Wärmegewinnes durch Kondensation das Tal bis nach Sonnenaufgang beträchtlich kälter bleibt. Für den Tagesgang der Temperatur-Differenz an Tagen ohne Nebel, m i t Talnebel und Tagen mit Nebel im Tal u n d auf den Höhen gilt Tabelle I.

In nebel f r e i e n Strahlungsnächten (14./15. 7.) zeigt sich neben dem mitternächtlichen Maximum der Temperaturdifferenz nach einem Minimum um Sonnenaufgang noch ein zweites kurzdauerndes Maximum zu der Zeit, da die Erwärmung auf den Bergen schon intensiv, im Tal jedoch nur zögernd einsetzt. In Nächten m i t Talnebel (13./14. 7.) sind wohl auch zwei Maxima vorhanden, von denen jedoch das zweite, vormittägliche, fast um ein bis zwei Stunden später liegt, nämlich um gerade die Zeit, in welcher der Nebel im Tal die Einstrahlung behindert und die Höhen schon sehr erwärmt sind. Die Abnahme der Differenzen nach Mitternacht ist auf die Nebelbildung um 3,30 Uhr und die vorausgehende Verzögerung der Temperaturabnahme im Tale zurückzuführen (vergl. Abb. 1). In Nächten nun mit Nebel im Tal u n d auf den Höhen (20./21. 10.) lassen die nicht wiedergegebenen Tageskurven wohl unten im Rautal gegen 05 Uhr früh den Temperaturanstieg der Nebelbildung erkennen, oben auf dem Jägerberg jedoch von 06 bis 08 Uhr nur ein Gleichbleiben. Es zeigt sich also, daß auf der Höhe, wo nur geringe Temperaturumkehr in Bodennähe vorhergeht, der Anstieg bei Nebel entsprechend gering ist. Ein Ausgleich zwischen beiden Stationen tritt aber auch

I. Temperaturdifferenz Jägerberg-Talstation an verschiedenen Strahlungstagen mit Talnebel

Datum	Wetter	19	20	21	22	23	24	1	2	3	4
14./15. 7.	nebelfrei	– 1,3	1,0	3,3	4,4	4,9	5,1	**5,1**	5,1	5,0	4,9
13./14. 7.	normaler Talnebel	– 1,6	– 1,1	– 0,2	3,5	4,2	4,6	**4,7**	4,5	4,0	2,4
9./10. 7.	Nebeleinbruch Jägerberg	– 2,0	– 1,7	– 0,5	2,4	3,0	3,3	3,5	3,8	4,2	**4,4**
18./19. 8.	Nebel auch auf dem J.-B.	– 2,9	– 2,2	– 0,5	1,9	2,3	2,5	2,6	**2,7**	2,0	0,3
20./21. 10.	Nebel auch auf dem J.-B.	5,3	5,6	5,8	6,0	6,3	6,6	**6,8**	**6,8**	6,6	6,3
		5	6	7	8	9	10	11	12		
14./15. 7.	nebelfrei	4,7	4,1	2,7	**4,8**	– 0,8	– 1,8	– 2,5	– 2,8		
13./14. 7	normaler Talnebel	1,5	1,0	0,9	1,7	**4,3**	2,0	1,4	1,3		
9./10. 7.	Nebeleinbruch Jägerberg	3,0	1,7	**4,0**	0,4	**4,7**	3,0	0,1	– 1,2		
18./19. 8.	Nebel auch auf dem J.-B.	0,0	0,4	0,1	0,2	2,3	5,2	**5,5**	2,0		
20./21. 10.	Nebel auch auf dem J.-B.	5,6	4,2	4,1	**4,2**	3,8	2,2	0,5	– 0,8		

hier noch lange nicht ein, da das Tal noch immer viel zu kalt bleibt. Auch hier ist in der Tabelle ein sekundäres Maximum der Differenzen nach Sonnenaufgang angedeutet.

Als Abweichung von diesen drei Normalfällen sollen nachfolgend zwei nicht selten vorkommende Sonderfälle Erwähnung finden. Am 10. 7. wurde bei den Meßgängen auf der Hangkante des Jägerberges früh um 7 Uhr, also erst zwei Stunden nach Sonnenaufgang, ein kurz andauernder Nebeleinbruch erfaßt (Abb. 2).

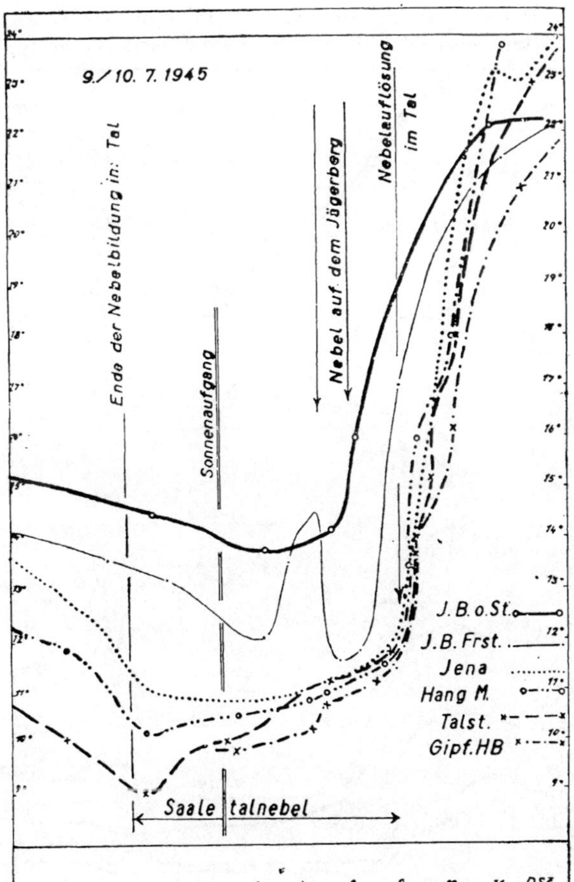

Abb. 2: Temperaturverlauf bei Saaletalnebel an sechs verschiedenen Stationen des Saaletales. 07 Uhr Nebeleinbruch am Plateaurand des Jägerberges.

Eine Stunde nach Sonnenaufgang, etwa $^1/_2$ Stunde nach Beginn der Besonnung des Meßfeldes, beginnt an der Freilandstation mit großer Intensität die Tageserwärmung. Die obere, 5 m hohe Stelle am Jägerberg erwärmt sich dagegen, wie üblich, noch 2 Stunden lang nur wenig, so daß sie von der Freilandstation um $7^1/_2$ Uhr ohne weiteres überholt worden ist. Da flutet plötzlich, nachdem am Hang Ho mit beginnender Bestrahlung schon ständig ein Auf- und Abquellen der Nebeldecke am Jägerberg zu beobachten gewesen war, der Nebel über die Hangkante hinauf und bis an die Freilandstation heran, jedoch nicht bis zur oberen Station. Nur bei jener sinkt die Temperatur schlagartig um 3 Grad ab; da die herüberflutende Nebelluft die Temperaturen des Rautalbodens aufweisen muß, wird die Freilandstation der Höhe nahezu genau auf die Werte des Tales abgekühlt, also weiter als vor Sonnenaufgang. Der überfließende Talnebel verdankt seine Auftriebskräfte der bereits auf die obersten Nebelschichten einwirkenden Sonnenenergie, die ein Aufquellen der Talwolken zur Folge hat. Für die halbe Stunde des Nebeleinbruches sind Tal und Jägerberg fast gleich kalt. Da nur eine schmale Nebelzunge übergelappt ist, erfolgt auch oben rasch wieder Auflösung und danach stärkster Temperaturanstieg, der den vorhergehenden Wärmeverlust wettmacht. Obwohl nur 50 m entfernt, hat die obere, ständig nebelfrei und besonnt gebliebene Jägerbergstation keinerlei Abweichung vom normalen Verlauf erfahren. Dieser für die Freilandstation in der Tabelle wiederzuerkennende Einbruch hat deshalb, in das Vormittagsmaximum der Temperaturdifferenz Höhe — Tal eingeschoben und dieses verlagernd und aufteilend, von $7^1/_2$ bis 08 Uhr ein Minimum zur Folge, das beinahe den Wert 0 Grad, also Ausgleich der Stationen, erreicht. Derartige interessante Vorgänge des Auf- und Abquellens der Nebeldecke sind gerade auf dem Jägerberg sehr häufig zu beobachten. Das Steigen der Nebel über die Talkante hinauf ist besonders in der Übergangsjahreszeit recht häufig, wo dann die gesamte Hochebene für Stunden in den Saaletalnebel eingehüllt werden kann (20. und 21. 10. 1945).

Einen weiteren, vom normalen abweichenden und in Parallele zum Oktober stehenden Sonderfall gibt Abb. 3 wieder. Hier erreicht infolge filziger Cirrusbewölkung und erhöhter Gegenstrahlung der vertikale

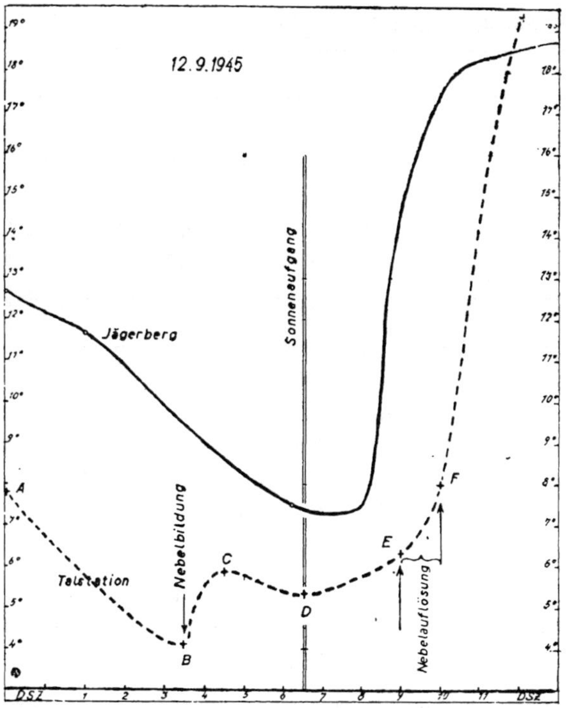

Abb. 3: Selten vorkommender Temperaturausgleich — Höhe bei Nebelbildung (B).

Temperaturunterschied vor der Nebelbildung nur $2^1/_2$ Grad. Dadurch tritt bei der Nebelbildung infolge des Anstieges der Talkurve ein selten zu beobachtender Ausgleich zwischen Tal und Höhe ein, der mit einer vertikalen Durchmischung nicht das Geringste zu tun hat. da der Nebel ja zunächst auf das Tal beschränkt bleibt. Erst kurz vor Sonnenaufgang entsteht auch auf den Höhen Nebel. der wiederum hier Erwärmung und nachfolgend Abkühlung bis zu seiner Auflösung nach sich zieht. Für diesen Morgen ergibt die Tabelle vier Stunden lang Werte nahe an Null und das vormittägliche Maximum überraschend spät erst für 10 bis 11 Uhr wieder. Ganz allgemein ist für diesen ungewöhnlichen Verlauf der hohe Feuchtigkeitsgehalt in allen Höhenschichten der maritimen Luftmasse verantwortlich zu machen. Tritt von vornherein Ausgleich zwischen Tal und Höhe ein, so liegt ein allgemeiner, vertikal mächtigerer, nicht nur auf das Saaletal beschränkter Nebel vor. Ein einzelner Fall (10. 10. 1946) konnte beobachtet werden, wo in einer Nebelnacht die Hochflächen durch starke anhaltende Ausstrahlung leichten Frost und Reifbildung aufwiesen, während im Nebelbereich des Tales infolge Gegenstrahlung die Temperatur nicht unter Null absinken konnte. Diese scheinbar überadiabatische Temperaturschichtung ist durchaus möglich, da sie sich auf die bodennächsten Meter beschränkt und ein Abrutschen der kalten Bodenluft vom Plateau ins Tal wegen der Geländeform nur beschränkt vor sich gehen kann (Hangabwinde).

Der Vorgang der Nebelauflösung verdient, da er örtlich stark variiert, als mikroklimatische Eigenart besondere Erwähnung. In Abb. 4 sind im Temperatur-Streckendiagramm die Profile der Meßgänge entlang des Meßweges A — H — Br — E vom Tal über den Heiligen Berg wieder hinab zur Talstation und den großen Hang des Jägerberges hinauf zur Hochfläche des Flugplatzes Rödigen unter Angabe der Meßzeiten zu Anfang und Ende des Weges ohne zeitliche Korrekturen für den Talnebelmorgen des 14. 7. 1945 eingetragen. Vom Abend zuvor zeigt die Meßreihe von 20,30 bis 21,30 Uhr (um die 19°-Abszisse) den bekannten Nachttyp mit den Wärmemaxima auf dem Heiligen Berg und an der Hangkante des Jägerberges sowie den zwischengelagerten Kältesee im Bachgrund zwischen T und Br. Ein ganz anderes Profil zeigt sich nach der Nebelbildung (unterste Kurve). Zwei Drittel der Meßstrecke, alle Talstellen, der Heilige Berg und der Hang des Jägerberges bis zu den Bäumen Bä bei 290 m NN hinauf liegen in dickem Nebel und haben trotz der starken Geländegliederung dieselbe Temperatur. Oberhalb des Nebels, an der Hangkante und auf der Hochfläche O—E finden sich andere Wärmegrade, indem bis zur höchsten Meßstelle Zunahme stattfindet. Die Differenz von hier bis zum Tal beträgt aber bezeichnenderweise nicht mehr als 2 Grad. Die nun folgenden Meßgänge nach Sonnenaufgang zeigen bis 09 Uhr im Prinzip dieselbe Verteilung. Jedoch vollzieht sich mit zunehmender Bestrahlung schon die merkliche Erwärmung im linken Drittel des Profils, also auf dem Jägerberg. An dem oberen Hang Ho, an dem die Obergrenze der Nebeldecke auf- und abpendelt, entwickelt sich bis 8,30 Uhr mehr und mehr ein schroffer Temperaturgegensatz zum Nebelgebiet. In diesem herrscht noch immer Homothermie. Seit Sonnenaufgang ist lediglich entlang der ganzen Meßstrecke ein gleichmäßiger Anstieg eingetreten. Um 9 Uhr kündigt sich erstmalig an den Hängen des Heiligen Berges in dem isolierten Temperaturanstieg die bevorstehende Nebelauflösung an, die dann bis 9,20 Uhr vollendet ist. Bei dem kurzen Meßgang von 9,30 Uhr sind die Hänge schon wieder um 2 Grad wärmer, während der Gipfel gemäß Tagestyp

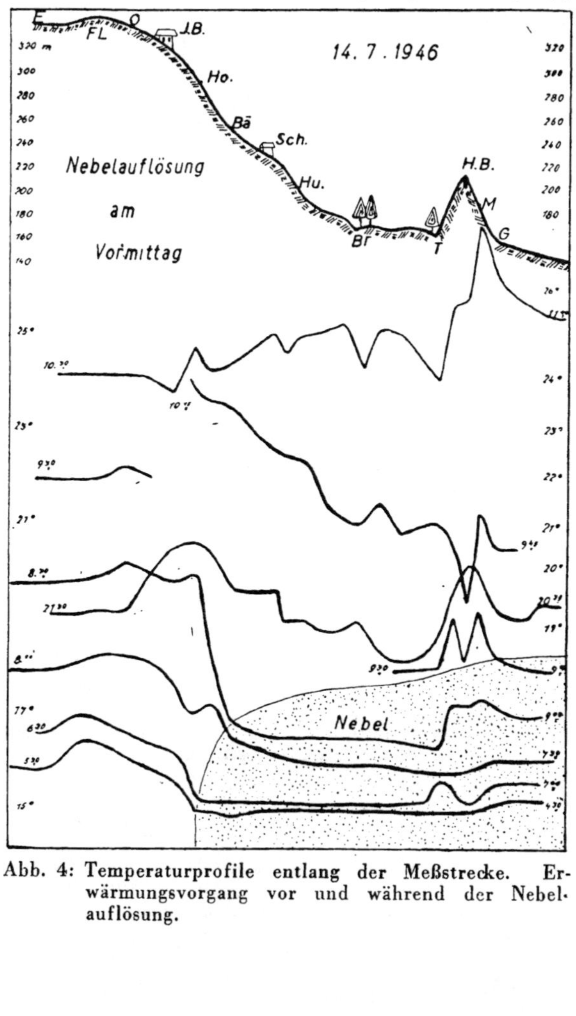

Abb. 4: Temperaturprofile entlang der Meßstrecke. Erwärmungsvorgang vor und während der Nebelauflösung.

zurückzubleiben beginnt. Der nachfolgende Meßgang von 10 Uhr zeigt, wie rasch im gesamten Talraum der Temperaturanstieg seit 9 Uhr eingesetzt hat. Auch auf der Höhe geht zwar der Anstieg weiter, jedoch wird dieser rasch bis 11 Uhr von den nach Süden geneigten Hängen Hu, von denen des Bachgrundes Br—T und vor allem des Heiligen Berg-Hanges M überholt und somit der normale Tagestyp hergestellt.

Um auch über die Luftfeuchtigkeit an Nebeltagen eine Übersicht zu gewinnen, sind die Feuchtemessungen für den 13./14. 7. vor und nach der Nebelbildung angeführt:

an, das Tal folgt nach der Nebelauflösung, dann aber um so rascher, nach.

Die alte Klimastation der Sternwarte im Innern der Stadt Jena (150 m NN), deren hier kurz Erwähnung getan werden soll, hat, obwohl sie auch eine Talstation ist, vom Rautal in Nebelnächten einen stark abweichenden Verlauf (Abb. 2). Der Temperaturanstieg zur Zeit der Nebelbildung tritt hier nicht ein, im Gegenteil findet danach ungehindert meist weiterer Rückgang statt. Dies ist eine typische Wirkung der Häusermassen, die eine starke eigene Ausstrahlung von solcher Trägheit besitzen, daß sie stärker als die

Tabelle II

	Meßstelle	Garten G	Heil. Berg H. B.	Talstat. T	Bachgrund Br	Scheune Sch	Bäume Bä	Hang oben Ho	Hochflächenkante	Endpunkt E
	Höhe m NN	160	219	170	165	235	275	300	320	340
13. 7. 21 h	Dampfdruck	16,1	13,4	16,3	16,0	14,0	13,9	14,2	13,0	13,7
	rel. Feuchte	78 %	62	90	86	74	71	72	72	81
14. 7. 05 h	Dampfdruck	13,0	12,7	11,9	12,0	11,9	12,3	12,8	11,3	11,7
	rel. Feuchte	100 %	99	93	95	93	97	96	98	95
14. 7. 10 h	Dampfdruck	15,2	–	15,0	15,5	16,6	16,6	17,0	17,0	17,1
	rel. Feuchte	81 %	–	85	86	81	80	78	76	75

Die Talstationen zeichnen sich also schon am Abend durch hohen Feuchtigkeitsgehalt aus. Nur der Heilige Berg als Gipfelstation fällt durch Trockenheit auf. Am folgenden Morgen sind, dem täglichen Gang folgend, die Werte des Dampfdruckes überall geringer. Auffälligerweise sind die Unterschiede zwischen Tal und Höhe (Nebelgrenze an dem Meßpunkt Bä) fast völlig ausgeglichen. An der Obergrenze der Nebeldecke ist ein Feuchtesprung nicht wahrzunehmen. Offenbar machen sich die Unterschiede erst in größerem Bodenabstand geltend, da die bodennahen Schichten infolge ihrer eigenen nächtlichen Ausstrahlung ebenfalls nahe am Sättigungswert liegen. Mit Beginn der Erwärmung auf den Höhen steigt der Dampfdruck hier zuerst stark

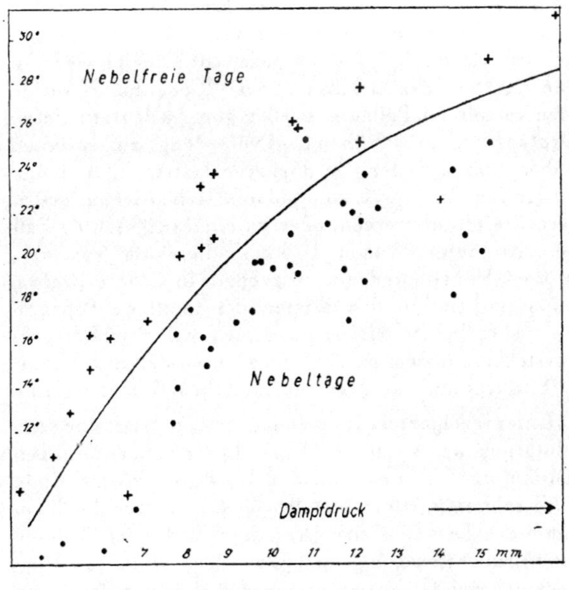

Abb. 5: Nebeldiagramm nach *Thran* für die Innenstadt Jena Sommer 1945.

Vorgänge der Nebelbildung das Klima der Höhe beeinflussen. In ähnlicher Weise reagiert die relative Feuchte. Während im Rautal mit dem Augenblick des Nebeleinbruches effektiv 100 % erreicht und bis zur Auflösung auch beibehalten werden, zeigt das Hygrogramm der Innenstadt trotz Nebelbildung nur allmähliche Feuchtezunahme bis nach Sonnenaufgang und niemals vollkommene Sättigung. Der Unterschied zu nebelfreien Nächten besteht nur in den höheren Feuchtewerten der ersten Nachthälfte.

Bei der großen Häufigkeit, die dem Nebel in Stadt und Land zukommt, ist seine rechtzeitige Vorhersage von hoher Bedeutung. Um diese zu gewährleisten, wurden die 14-Uhr-Hüttenablesungen der Monate April bis September 1945 in ein einfaches Temperatur-Dampfdruckdiagramm[4]) (Abb. 5) so eingetragen, daß alle Tage, denen am nächsten Morgen Talnebel nachfolgte, mit einem Kreis, die Mittagswerte mit nachfolgendem nebelfreien, heiteren Wetter jedoch mit einem Kreuz versehen wurden. Zwischen beiden ist ohne Schwierigkeit eine Linie zu ziehen, welche die Werte hoher Temperatur und geringen Dampfdruckes von denjenigen Werten trennt, die eine Nebelbereitschaft für den kommenden Morgen angeben. Da a l l e Vortage von heiteren Tagen ohne Einschränkung eingetragen sind und im ganzen nur ein Punkt und zwei Kreuze falsch liegen, bedeutet diese Kurve ein sicheres Mittel, schon aus den 14-Uhr-Ablesungen das Eintreten von Saaletalnebel vorherzusagen. Diese Methode besitzt den Vorzug der Einfachheit und raschen Übersichtlichkeit. Die Kurve ist jedoch nur für die Station gültig, für welche sie aus vorliegenden Messungen aufgestellt worden ist. Voraussetzung für die Anwendung dieser einfachen Erfahrungskurve ist, daß nach dem 14-Uhr-Termin kein Luftmassen-, Wind oder sonstiger Witterungswechsel eintritt, der die Geltungsdauer

[4]) Nach einem Vorschlag von *P. Thran*.

der Ablesung sofort unterbrechen würde. Schon der oben erwähnte „Saaletalwind“ kann, wenn er mehr als Stärke 3 erreicht, unter Umständen nebelverhindernd wirken (29. 8. 1945). Mithilfe von Erfahrungswerten ist bei der großen Häufigkeit die Vorhersage der Saaletalnebel nicht schwierig.

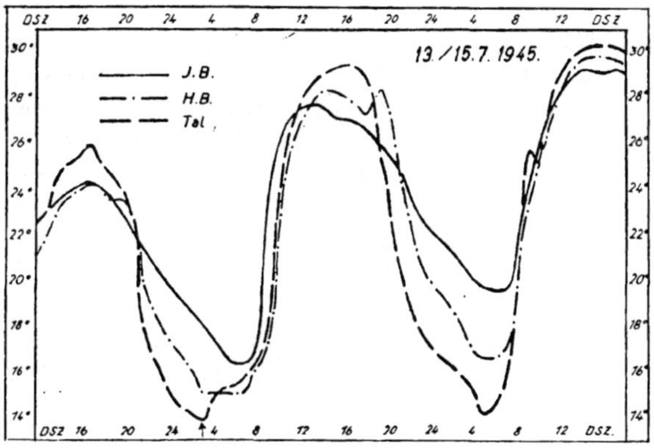

Abb. 6: Temperaturverlauf Jägerberg, Heiliger Berg, Rautal an einem Tag mit Talnebel und zwei nachfolgenden klaren Tagen.

Zum Zwecke einer übersichtlichen Zusammenfassung sind in Abb. 6 für die verschiedenen Höhenlagen des Meßgeländes die Temperaturdiagramme der aufeinanderfolgenden Tage vom 13. bis 15. 7. 1946 wiedergegeben, die einen Übergang von dunstiger Schönwetterlage mit Frühnebeln zu klarem nebelfreien Wetter enthalten. Der 13. 7. war stark unsichtig, die bevorstehende Nebelbildung an dem Taldunst sowie an den Dampfdruckwerten einwandfrei vorauszusehen. Nach Nebelauflösung trat durch frische Ostwinde am Mittag des 14. 7. eine völlige Veränderung der Sicht und Feuchtigkeitsverhältnisse ein, die in der folgenden Nacht das Ausbleiben des Nebels und am Tage die Erhöhung der Tagesmaxima und überhaupt der Amplituden zur Folge hatte. Auch die Verschärfung der mikroklimatischen Wärmeunterschiede, hervorgerufen durch intensivere Ein- und Ausstrahlung in der trockenen Luftmasse, sowie deren von Tag zu Tag fortschreitende Erwärmung sind aus der Darstellung deutlich zu erkennen.

Anschrift des Verfassers: Thüringische Landeswetterwarte, Weimar, Karl-Marx-Platz.

Über Kalt- und Warmluftinseln

Von W. König-Potsdam

Zusammenfassung: Der Vorgang, der zur Ausbildung der sog. „Kaltlufttropfen“ führt, stellt sich in ganz entsprechender Weise an den Enden der Warmluftvorstöße ein. Wenn sich die abgeschnürten Luftkörper tagelang isoliert erhalten, wird für sie die Bezeichnung „Insel“ anstatt „Tropfen“ vorgeschlagen. Verhalten und Wettereigentümlichkeiten der „Inseln“ werden besprochen.

Betrachtet man reihenweise die seit reichlich zehn Jahren als Topographien der 500 mb-Fläche vorliegenden Karten der Luftdruckverteilung in der Höhe, so stellt man grundsätzliche Abweichungen von den Karten der Bodendruckverteilung fest: sie zeigen fast durchweg ein viel einfacheres Bild der Druckanordnung als die Bodenkarten, nämlich vorwiegend einen hauptsächlich von Westen nach Osten verlaufenden Isohypsenverlauf, wie er nach der allgemeinen Temperaturabnahme vom Äquator zum Pol hin gefordert werden muß. Das gilt auch noch für viele Tage, an denen in der Bodenkarte Hoch- und Tiefdruckgebiete mit geschlossenen Isobarenformen auftreten, die mithin nur Erscheinungen der untersten Höhenkilometer sind und schon in der Mitte der Troposphäre in dieser Form nicht mehr existieren, vielmehr sich hier meist nur noch in Ausbuchtungen im Isohypsenverlauf der 500 mb-Fläche zu erkennen geben. Um so mehr fällt es auf, wenn in unseren geographischen Breiten doch gelegentlich geschlossene Isohypsenformen, also Höhen-Hoch- und -Tiefdruckgebiete mit deutlichem Kern in Erscheinung treten, so wie es in den Bodenkarten etwas Alltägliches ist. Nur sind dann in den Höhenkarten die Gebilde regelmäßiger und rundlicher ausgestaltet als unten.

Da nun die relative Topographie, der Abstand der 500 mb- von der 1000 mb-Fläche, lediglich von der Mitteltemperatur der Luftschicht zwischen beiden Flächen bestimmt wird, diese Mitteltemperatur demnach in erster Linie für die Höhenlage der 500 mb-Fläche ausschlaggebend ist, müssen beide Arten von Topographien im allgemeinen recht ähnliche Bilder liefern. In der Tat bestätigt ein Vergleich der Karten diese theoretische Erwartung, und es ist nach dieser Feststellung klar, daß den Höhentiefs in der Regel Luftsäulen niedriger, den Höhenhochs auf der andern Seite Luftsäulen hoher Mitteltemperatur entsprechen müssen. Besonders interessant wird nun die Lebensgeschichte dieser abgeschlossenen Druck- und Temperaturgebilde, die beim Auftreten solcher Erscheinungen in mittleren geographischen Breiten der Erde die folgende ist:

Von Zeit zu Zeit nehmen aus bisher noch unbekannten Ursachen die vorher erwähnten Ausbuchtungen im sonst westöstlichen Isohypsenverlauf beider Kartenarten stärkere Ausmaße an, so daß die Höhenlinien dann lappen- oder zungenförmige Gebilde umschließen, die weit nach Norden bzw. Süden vorstoßen und 20° geographischer Breite oder mehr durchsetzen können. Häufig greifen sie gegenseitig ineinander. In den Karten der absoluten Topographie würde man in solchen Fällen entweder von Ausläufern tiefen Druckes in der Höhendruckverteilung zu sprechen haben, die auf der Nordhalbkugel stets nach Süden ausgreifen, da sie sich vom polaren Höhentief in niedrigere Breiten erstrecken, oder im entgegengesetzten Fall von Ausläufern hohen Druckes, die, stets vom tropischen Höhenhochdruck ausgehend, in höhere Breiten hineinreichen. In den Karten der relativen Topographie aber haben wir es im ersten Fall mit Kaltluftvorstößen aus dem polaren, im zweiten Fall mit Warmluftausbrüchen aus dem subtropischen Gebiet zu tun.

Unter geeigneten Umständen erfolgt nun eine Abschnürung des vorderen Endes dieser zungenförmigen Ausläufer. Wenn nämlich z. B. an dem südlichen Ende eines solchen Kaltluftvorstoßes die Luftmassen durch ein rundlich abgeschlossenes kräftiges Bodentief in eine kreisförmige Bewegung versetzt werden, besteht die Möglichkeit eines Übergreifens der wirbelartigen Bewegung auf etwas höhere Luftschichten. Dabei schwenkt die ursprünglich an der Zyklonenostseite nordwärts vorstoßende Warmluft wieder nach Westen ein und trennt somit die vorderste Spitze der Kaltluftzunge ab. Wie ein abreißender Tropfen löst sich dann dieses vordere Ende der Kaltluft von dem Hauptkaltluftgebiet los, so daß man für diesen Augenblick mit Recht die Benennung Kaltluft t r o p f e n gebraucht hat. Oft findet sich indessen die abgerissene Kaltluftmasse noch tagelang vor und bleibt, von allen Seiten her von wärmerer Luft umgeben, zumeist ohne wesentliche Ortsveränderung liegen. In diesen Fällen scheint mir die Bezeichnung „Insel" zutreffender als die des „Tropfens". Die Klimatologie hat für entsprechende Anordnung der Isothermen den Namen Kältepol eingeführt, der bei den wenigen Fällen seiner Anwendung passend gewählt ist, aber für unsere Zwecke bei der Häufung der Fälle besser vermieden wird. Ganz ähnliche Abschnürungen kommen nun auch am nördlichen Ende von Warmluftausbrüchen vor, indem die Warmluftzungenspitze dann beispielsweise durch einen Kaltluftvorstoß abgetrennt wird, der um eine westlich von ihr gelegene Zyklone herumgeführt worden ist. Für diese Vorkommnisse fehlt bisher ein Name. Persönlich habe ich selbst zwar im täglichen Wetterdienst in Übertragung des Bildes vom Abtropfen gelegentlich auch von „Warmlufttropfen" gesprochen, möchte indessen bei diesem Vorgang, der wieder einen meist tagelang an einer Stelle verweilenden abgeschlossenen Warmluftkörper zustandebringt, auch dem Namen „Warmluft i n s e l" den Vorzug geben.

Es ist nach dem, was oben über die gegenseitige Verknüpfung von absoluter und relativer Topographie gesagt wurde, ohne weiteres einleuchtend, daß in der Regel eine Kaltluftinsel in der absoluten Topographie als Höhentief, eine Warmluftinsel als Höhenhoch in Erscheinung treten wird. Wir haben im ersten Fall das Höhentief über dem Bodentief gelegen, also ein Tief mit senkrechter Achse, das auch nach den auf anderen Wegen gewonnenen Regeln zum Stillstand kommt, im zweiten Fall ein Höhenhoch über dem Bodenhoch, was üblicherweise als beständiges Hochdruckgebiet angesprochen wird. (Die häufigere Abweichung in dieser gegenseitigen Zuordnung für den Fall der beständigen Hochdruckgebiete soll unten noch erörtert werden.) Daß im Falle des Tiefs die Bezeichnung K a l t luftinsel nur von der M i t t e l temperatur der unteren Troposphärenhälfte aus zu verstehen ist, soll nachher noch näher beleuchtet werden.

Die oft zu beobachtende Beharrlichkeit der Kaltluftinseln nimmt nicht Wunder, wenn man sich ihre Strömungsverhältnisse vergegenwärtigt. Liegt der Kern des Höhentiefs senkrecht über dem des Bodentiefs, so werden allmählich in allen Höhen (meist sogar durch die ganze Troposphäre hindurch) die Stromlinien zu Luftbahnen; es muß also eine echt wirbelartige Luftbewegung zustandekommen, denn im Fall des reinen Gradientwindes folgen die Stromfäden den Isohypsen der Höhendruckflächen, umkreisen also das Tief, um wieder zu ihrem Ausgangspunkt zurückzukehren. Damit erhält sich eine Zeitlang das Tief unverandert, es bleibt aber auch die das Tief aufbauende Luftmasse die gleiche, ein nennenswerter Austausch mit den umgebenden Luftmassen findet nicht statt. Schwerer zu verstehen ist die Beharrlichkeit der Warmluftinseln. In Abweichung von dem eben geschilderten Aufbau der kalten Tiefdruckgebiete mit senkrechter Achse trifft die bereits angeführte und bisher häufig vertretene Anschauung von einer ebenfalls senkrechten Achse der beständigen Hochdruckgebiete nach meinen Beobachtungen im allgemeinen nicht zu. Vielmehr ist das Höhenhoch in der Mehrzahl der Fälle meist deutlich gegenüber dem Bodenhoch verschoben, gewöhnlich liegt es westwärts vom Bodenhoch, so daß die Achse des Hochdruckgebietes eine schräge Lage aufweist. Die wirbelartige Strömung um die senkrechte Achse scheint in diesem Falle hauptsächlich erst in den Schichten oberhalb etwa 3—4000 m erfüllt zu sein, wie auch die Inselform der Isothermen erst in größeren Höhen zutage tritt.

Sind die bisherigen Überlegungen und Folgerungen richtig, so muß die relative Topographie der Kaltluftinseln im Laufe der Zeit zunehmen, d. h. die Mitteltemperatur der unteren Troposphärenhälfte muß ansteigen, da ja der abgesprengte Kaltluftkörper in den Gegenden höherer Normaltemperatur seine Temperatur der letzteren angleichen, sich also allmählich erwärmen und damit als Kaltluftkörper erlöschen wird. Umgekehrt ist für die Warmluftinseln im Regelfall ein Sinken der Mitteltemperaturen zu erwarten. Die Beobachtung bestätigt tatsächlich im allgemeinen diese Erwartungen. Nur in seltenen Ausnahmen erniedrigt sich die relative Topographie im Gebiete der Kaltluftinseln noch um ein geringes, wofür Ausstrahlungseffekte und dynamische Abkühlung (Auspumpen) als mögliche Ursachen angesprochen werden können. Bei der gleichfalls als Ausnahme zu beobachtenden schwachen Temperaturerhöhung der losgelösten Warmluftinseln würde man in analoger Weise an Wirkungen der Einstrahlung oder an dynamische Erwärmung zu denken haben.

Während die beständigen Hochdruckgebiete längst als Gebiete heiteren und trockenen Wetters bekannt sind, erlebt der vorhersagende Meteorologe mit den Kaltluftinseln nicht selten eine Enttäuschung. Entsprechend dem Verhalten der vorangegangenen Zyklonen, die nach dem Kaltlufteinbruch wechselhafte Bewölkung und nur noch kaltlufteigene Schauer, das sog. Rückseitenwetter, gebracht haben, wird auch bei Bildung der Kaltluftinseln nach dem Durchgang der Hauptkaltfront wieder Wetterbesserung angesetzt. Das Wetter der Kaltluftinseln zeichnet sich dagegen durch recht gleichmäßig trüben Himmel mit dicker Bewölkung und durch länger anhaltende Niederschläge aus, bei denen nicht mehr von Schauercharakter gesprochen werden kann. Meine Gedanken im täglichen Wetterdienst über diese immer wieder überraschende Wetterentwicklung haben mich nun zu folgendem Erklärungsversuch geführt: Die im Warmsektor in die Zyklone hineingeführte Warmluft, die zwar bei der vollzogenen Okklusion vom Boden abgehoben ist, kann im Fall des hochreichenden Tiefdruckgebietes mit senkrechter Achse nach den vorher schon besprochenen Strömungsverhältnissen den Bereich des Tiefdruckgebietes nicht verlassen. Hier ist also ein deutlicher Unterschied gegeben zu den zahlreichen anderen Zyklonen, die am Boden geschlossene Isobarenform, in der Höhe aber nur Ausbuchtungen in den Isohypsen aufzeigen, längs denen die Warmluft aus dem Tiefdruckwirbel der unteren Schichten in höheren Niveaus nach außen abgeführt wird. In dem speziellen Fall der Kaltluftinsel dagegen verbleibt die vom Boden abgehobene Warmluft, der allgemeinen Ringbewegung folgend, im Tiefdruckbereich, es entsteht, um den von der Okklusion her gebräuchlichen

Ausdruck zu verwenden, eine Warmluftschale, aber diesmal eine solche von rundlicher, der Gestalt des Tiefdruckgebiets angepaßter Form, im Gegensatz zu der trogförmigen Ausbildung, die bei der normalen Okklusion üblich ist. Diese vertikale Luftmassenanordnung: in Drehbewegung befindliche abgehobene Warmluft über der unter ihr gleichfalls rotierenden kalten, führt zu der gleichmäßigen Bewölkung und zu den länger anhaltenden und verbreiteten Niederschlägen, für welche man vergeblich Fronten sucht, die sie verursachen könnten.

Die beharrlichen Warmluftinseln oder Höhenhochs sind, wie oben erwähnt, in der Regel gegenüber dem Bodenhoch nach Westen verschoben. Das Bodenhoch ist in diesen Fällen zu erheblichem Teil als kaltes und niedriges anzusprechen. Die Kopplung eines solchen thermischen Hochdruckgebietes der unteren Schichten mit einem durch schräg liegende Hochdruckachse in den höheren Schichten wirbelartig rotierenden Warmluftkörper, der ein Höhenhoch darstellt, scheint nach meinen bisherigen Beobachtungen und Erfahrungen in der Mehrzahl der Fälle den Aufbau der Atmosphäre für die stationären Hochdrucklagen der mittleren geographischen Breiten auszumachen. Doch möchte ich mit Erklärungsversuchen für diese weniger einfachen Zusammenhänge noch zurückhalten, bevor ich nicht noch reichlicheres Beobachtungsmaterial gesammelt und verarbeitet habe.

Anschrift des Verfassers: Potsdam, Meteorologisches Zentralobservatorium

Die Lage des Arago-Punktes in Abhängigkeit von der Sonnen- und Himmelsstrahlung und den Dämmerungserscheinungen

Von V. Dahlkamp - Recklinghausen

Die vorliegende Arbeit verfolgt das Ziel, vornehmlich zu untersuchen, ob eine Abhängigkeit zwischen der Intensität der Sonnenstrahlung und den Abstandsänderungen der neutralen Punkte — des Babinet-Punktes von der Sonne und des Arago-Punktes von der Gegensonne — insbesondere in den Spektralfarben festgestellt werden kann. Jensen[1]) hat bereits früher auf die Bedeutung der spektralen Abstände der neutralen Punkte, vor allem des am leichtesten zu verfolgenden Arago-Punktes, bei verschiedenem atmosphärischen Reinheitsgrad hingewiesen und zur besseren Gewinnung einer Übersicht über den Transparenzzustand der Atmosphäre gleichzeitige aktinometrische Messungen von Sonnenstrahlungsintensitäten vorgeschlagen.

Da die neutralen Punkte, wie anzunehmen ist, durch Kompensation des an den Molekülen der Atmosphäre seitlich gestreuten Sonnen- und Himmelslichtes entstehen, so lag der Gedanke nahe, neben den Abstandsmessungen der neutralen Punkte von ihren Bezugspunkten gleichzeitig auch die Intensität der Sonnenstrahlung zu messen, da ja durch das Streulicht der Sonnenstrahlung an den Molekülen der Atmosphäre, dem die neutralen Punkte ihre Entstehung verdanken, eine Schwächung der Intensität der Sonnenstrahlung entsteht. Die durch die Diffusion der Sonnenstrahlung in der Atmosphäre bedingte Extinktion des Sonnenlichtes nimmt um so größere Werte an, je geringer die Durchsichtigkeit der Atmosphäre durch das Vorhandensein einer größeren Menge von suspendierenden Teilchen oder je größer die optische Inhomogenität der Atmosphäre selbst ist. Diese Vergrößerung der durch seitliche Streuung des Sonnenlichtes bedingten Extinktion zieht aber eine Vermehrung der Polarisationskomponente des Streulichtes nach sich, was eine Verlagerung der neutralen Punkte in ihren Abstandswerten von der Sonne oder Gegensonne bedingt. Somit erkennen wir, daß sich die neutralen Punkte in ihren Schwankungserscheinungen umgekehrt wie die Sonnenstrahlungsintensitäten verhalten müssen, was auch in den negativen Vorzeichen der nachstehend noch zu diskutierenden Korrelationskoeffizienten zum Ausdruck kommt. Aus dem Vorstehenden ist zu erkennen, daß zur Gewinnung einer allgemeinen Übersicht über den herrschenden Transparenzzustand der Atmosphäre neben den Messungen der Strahlungsintensitäten auch die Polarisationsphänomene heranzuziehen sind. Wie später gezeigt wird, reicht die Intensitätsmessung der Sonnenstrahlung und der aus ihnen abgeleitete Trübungsfaktor zur Beurteilung des Reinheitsgrades der Atmosphäre nicht aus.

Durch die freundliche Vermittlung von Jensen wurde der Volkssternwarte Recklinghausen vom Reichsamt für Wetterdienst ein Robitzsch-Aktinograph zur Durchführung der Strahlungsmessungen in dankenswerter Weise zur Verfügung gestellt. Gleichzeitig konnte die Volkssternwarte ein Büttner-Aktinometer von der Firma Günther & Tegetmeyer in Braunschweig erwerben, so daß nunmehr die Strahlungsmessungen gegenseitig kontrollierbar waren. Über diese Messungen im Zusammenhang mit dem Gang der neutralen Punkte im blauen, grünen, weißen und roten Licht wird vom Verfasser[2]) berichtet werden. Bei den hier angestellten Untersuchungen über die gegenseitigen Wechselbeziehungen zwischen den Arago-Abständen vom antisolaren Punkt in den verschiedenen Spektralfarben und den Strahlungsintensitäten konnte sowohl bei der Gesamtstrahlung (Robitzsch-Gerät) als auch bei der reinen Sonnenstrahlung (Büttner-Gerät) die größte Übereinstimmung zwischen den beiden Komponenten bei einer Sonnenhöhe von etwa 10,5° nachgewiesen werden. Eine Korrelation zwischen den Sonnenstrahlungsintensitäten bei 10,5° Sonnenhöhe und den Arago-Abständen vom Gegenpunkt der Sonne im blauen und roten Licht bei gleicher Sonnenhöhe ergab für das Robitzsche Gerät einen Korrelationskoeffizienten von $-0{,}916 \pm 0{,}053$ für die Arago-Abstände im blauen

[1]) *Chr. Jensen*, Ztschr. f. Geophys., Jahrg. 3, S. 360.

[2]) *V. Dahlkamp*, Beiträge zu Untersuchungen des atm. Reinheitsgrades. Erscheint demnächst in dieser Zeitschrift.

Licht und einen Korrelationskoeffizienten von — 0,918 ± 0,052 für Arago-Abstände im roten Licht. Für die mit dem Büttner-Gerät gefundenen Angaben und den Arago-Abständen zu gleichen Zeiten wurden folgende Korrelationskoeffizienten gefunden: für blau — 0,861 ± 0,087 und für rot — 0,726 ± 0,157. In nachstehender Tabelle sind auch die für andere Sonnenhöhen gefundenen Korrelationskoeffizienten mitgeteilt.

Washington geeicht wurde, gefunden: Strahlung/Arago-Abstand im blauen Licht = — 0,65 ± 0,04; für Strahlung/Arago-Abstand im roten Licht = — 0,82 ± 0,02. Wie N e u b e r g e r hervorhebt, ist nach seinen Messungen der Arago-Punkt im roten Licht bei 10,5° Sonnenhöhe empfindlicher gegen Trübungen als der Arago-Punkt im blauen Licht. Die in Recklinghausen gefundenen Ergebnisse weichen von seiner Feststellung

Tabelle 1
Korrelationskoeffienten

⊙h	Robitzsches Gerät Strahlung / Arago blau	Robitzsches Gerät Strahlung / Arago rot	Büttnersches Gerät Strahlung / Arago blau	Büttnersches Gerät Strahlung / Arago rot
0.5°	— 0.458 ± 0.263	— 0.261 ± 0.310	— 0.506 ± 0.238	— 0.401 ± 0.280
5.5°	— 0.766 ± 0.137	— 0.743 ± 0.149	— 0.801 ± 0 120	— 0.686 ± 0.176
7.5°	— 0.855 ± 0.089	— 0.733 ± 0.154	—	—
10.5°	— 0 916 ± 0.053	— 0.918 ± 0.032	— 0.861 ± 0.087	— 0.726 ± 0.157
11.5°	— 0.789 ± 0.123	— 0.445 ± 0.273	—	—
12.5°	— 0.385 ± 0.283	— 0.235 ± 0.315	—	—
15.5°	+ 0.0098	+ 0.0196	+ 0.1496	+ 0.0488

Für die Berechnung des Korrelationskoeffizienten hat es sich als zweckmäßig erwiesen, die Strahlungsintensitäten der mit dem Robitzsch-Gerät gemessenen Gesamtstrahlung auf gcal/cm²min. umzurechnen. Die Umrechnung wurde mittels der Formel $\rho = \frac{F \cdot q}{120}$ durchgeführt. Hier bedeutet F die Anzahl der Flächeneinheiten, die zu den entsprechenden Sonnenhöhen gehören, und q der Eichfaktor. Bei dem Büttner-Gerät konnten zur Korrelation nicht die Strahlungsintensitäten herangezogen werden, sondern hier mußten wir uns mit dem Fadenausschlag begnügen, da die Eichung des Instruments noch nicht durchgeführt werden konnte und hierdurch möglicherweise gewisse Unstimmigkeiten in den Rechnungsgang kommen können. Es zeigt sich aber auch bei diesem Vergleich, daß die größte Abhängigkeit zwischen den Fadenausschlägen bei 10,5° Sonnenhöhe und den Arago-Abständen im blauen und roten Licht bei gleichen Sonnenhöhen, etwa dem sekundären Maximum entsprechend, festgestellt werden kann, wie Tabelle 1 zeigt. Bemerkenswert ist, daß die Korrelation mit den Angaben des Robitzsch-Gerätes einen besseren Korrelationskoeffizienten ergeben hat als die Korrelation mit dem Büttner-Gerät. Diese Tatsache dürfte vielleicht ihre Ursache darin finden, daß mit dem Robitzsch-Gerät ein Teil der diffusen Himmelstrahlung aufgenommen wird, die für die Entstehung der neutralen Punkte mitbestimmend ist.

N e u b e r g e r[3]) hat gelegentlich seiner Messungen des Arago-Punktes in den verschiedensten Spektralfarben in den Jahren 1938 bis 1940 im Staate Pensylvania in USA. gleichfalls die Abhängigkeit der Abstände des Arago-Punktes vom antisolaren Punkt zu den Strahlungsintensitäten untersucht. Von ihm wurden bei 10,5° Sonnenhöhe folgende Korrelationskoeffizienten unter Verwendung von je 110 Einzelmessungen, gemessen mit dem Å n g s t r ö m schen Aktinometer, welches in der Werkstatt „Of the School of Mineral Industries" gebaut und vom Wetterbüro in

ab. Die hier gefundene Differenz zwischen der Strahlung/blau und der Strahlung/rot von nur 0,002 ist zu klein, um dem Arago-Punkt im roten Licht mehr Empfindlichkeit zuzusprechen. Im weiteren Verfolg der Abhängigkeitsverhältnisse bei kleineren und größeren Sonnenhöhen als 10,5° zeigt sich in Recklinghausen eine direkte Umkehrung (s. Tab. 1). Hier ist die Geschmeidigkeit des Arago-Punktes im blauen Licht größer als die im roten Licht. Diese hier festgestellte Tatsache legt die Vermutung nahe, daß die Umkehr der Ergebnisse durch eine durchweg größere Trübung am Rande des Industriegebietes bedingt sein mag, als N e u b e r g e r sie bei seinen Messungen in USA. angetroffen hat. Die Zahlen zeigen ferner, daß mit weiter geringer werdender Sonnenhöhe eine allmähliche Abnahme des Korrelationskoeffizienten zu verzeichnen ist, während sich bei zunehmender Sonnenhöhe eine sprunghafte Änderung desselben bemerkbar macht. Es erhebt sich nunmehr zunächst die Frage: „Weshalb besteht zwischen den Abstandsänderungen des Arago-Punktes und den Intensitäten der Sonnenstrahlung bei 10,5° Sonnenhöhe die engste Beziehung?"

Im allgemeinen erscheint der Arago-Punkt bei einer trübungsfreien Atmosphäre bei etwa 20° Sonnenhöhe über dem Horizont, was durch die Messungen in Recklinghausen und auch durch die Messungen N e u b e r g e r s in USA., dessen Beobachtungsort die geographischen Koordinaten $\varphi = 40° \, 47{,}8'$ Nord, $\lambda = 77° \, 51{,}8'$ West hatte, bestätigt wird. Sobald die Sonne in ihrer Bahn auf etwa 10° bis 11° herabgesunken ist, hat der Arago-Punkt ungefähr den gleichen Abstand vom Horizont — das sekundäre Maximum — auf der Gegensonnenseite erreicht. Beide Punkte, Sonne und Arago-Punkt, stehen sich mit gleichem Horizontabstand gegenüber, und das Gasvolumen zwischen Sonne und Arago-Punkt hat ein Minimum. Da nun bei sinkender Sonne (nicht allzu große Sonnenhöhen) das Sonnenlicht mehr horizontal gerichtet ist, so dringt bei dieser Stellung der Sonne zur Arago-Punktlage ein Maximum von Lichtenergie in den Entstehungsbereich des Arago-Punktes ein. Gleichzeitig ist aber auch der Anteil des kurzwelligen Lichtes wegen des Minimums des Lichtweges Sonne—Arago-Punkt viel stärker im Bereich des

[3]) *H. Neuberger*, Studies in Atmospheric Turbidity in Central Pennsylvania 1940, S. 21.

Arago-Punktes zu verzeichnen als zu irgendeinem anderen Zeitpunkt. Da nach unseren früheren Untersuchungen das kurzwellige, seitlich gestreute Licht vornehmlich Träger der negativen Polarisationskomponente der neutralen Punkte ist, so muß also bei vorgenannter Sonnenhöhe der Anteil der negativen Polarisation im Bereich der Gegensonne am größten sein, was auch experimentell durch den maximalen Abstandswert des Arago-Punktes bei etwa 10,5° Sonnenhöhe bestätigt wird. In diesem Punkte erreicht also der Arago-Punkt sein sekundäres Maximum. Nähert sich die Sonne auf ihrer Bahn mehr und mehr dem Horizont, so nimmt die Entfernung des Arago-Punktes in proportionaler Weise vom Horizont zu, während er sich aber seinerseits dem Gegenpunkt der Sonne mehr und mehr nähert. Das zwischen Sonne und Arago-Punkt liegende Gasvolumen der Atmosphäre vergrößert sich stetig. Wegen der mehr horizontal gerichteten Strahlungsrichtung der Sonne erhalten die höheren Schichten im Bereich der Gegensonne eine geringere Lichtintensität als die unteren; andererseits ist aber wegen der größeren Dichtigkeit der unteren Luftschichten und des größeren Weges eine verstärkte konservative Absorption des Lichtes im kurzwelligen Bereich zu erwarten, da ja — wie schon die Laboratoriumsversuche mit geringem Gasvolumen zeigen — das kurzwellige Licht von der seitlichen Streuung am stärksten getroffen wird. Die Folge wird sein, daß das langwellige Licht, dessen Wellenlänge gegenüber den streuenden Molekeln als groß anzunehmen ist und deshalb nach der Rayleighschen Theorie unter Annahme von Kugelgestalt der Molekel positiv polarisiert ist, im Bereich des Arago-Punktes im Sonnenvertikal auf der Gegensonnenseite mehr und mehr das Übergewicht über die negative Polarisation erhält, d. h. die Abstandsentfernung des Arago-Punktes vom Antisolarenpunkt muß stetig abnehmen, bis bei kleinen negativen Sonnenhöhen und mit dem ersten Auftreten des Erdschattens das Minimum errreicht wird. Dieser Zeitpunkt sowie der des sekundären Maximums ist stark abhängig von dem Trübungszustand der Atmosphäre, wie auch die Verschiebungen des sekundären Maximums und Minimums deutlich erkennen lassen[4]).

Daß bei Stellung der Sonne im Horizont der Bereich der Gegensonne einen stärkeren Anteil an positiv polarisiertem Licht aufweist als der Sonnenbereich selbst, zeigen auch die Kurven der Polarisationsisoklinen[5]); denn die Isoklinenkurve umfährt im Gegensonnenbereich ein größeres Feld von positiver Polarisation als auf der Sonnenseite, wodurch selbst bei homogener Atmosphäre immer eine Unsymmetrie in den Kurvenästen zu verzeichnen ist. Damit steht dieser Sachverhalt im guten Einklang zu den vorstehenden Ausführungen.

Diese Überlegungen werden auch durch die Beobachtungen Dornos[6]) weitgehend gestützt. In seinem großen Werk führt er eine vermehrte negative Polarisation auf die Zunahme der Horizonthelligkeit zurück, dagegen wird durch eine Verdunkelung des natürlichen Horizontes eine Vergrößerung der positiven Polarisation verursacht. Verfolgen wir die Intensitätsverhältnisse der Sonnenstrahlung auf ihrem Weg durch die Atmosphäre, so stellen wir folgendes fest: Das Licht der Sonne setzt sich bei dem Eintritt in die Atmosphäre aus den in bestimmten Verhältnissen zueinanderstehenden bekannten Spektralfarben konstanter Wellenlänge zusammen. Infolge der diffusen Streuung an den Molekeln der Atmosphäre wird die Strahlung an Energie ärmer. Dieser Energieverlust wird durch die Rayleighsche Theorie im Idealfall einer reinen Atmosphäre, wie sie hier vorausgesetzt wird, gut wiedergegeben. Nach der Rayleighschen Theorie berechnet sich der Auslöschungskoeffizient unter Voraussetzung einer Parallelstrahlung und der nur an den Molekeln der Atmosphäre, die als im Vakuum eingebettet zu betrachten sind, gestreuten Strahlung zu

$$k = \frac{8\pi^3}{3N\lambda^4} \cdot (v^2 - 1)^2; \quad N = \text{Anzahl der streuenden}$$

Teilchen je Volumeneinheit, λ = Wellenlänge des Primärstrahles, v = Brechungsindex der Luft. Wir erkennen, daß der Auslöschungskoeffizient keine Konstante ist, sondern abhängt von der Natur der streuenden Partikel, der Anzahl der Teilchen N in der Volumeneinheit und schließlich umgekehrt proportional zu λ^4 oder direkt proportional zu v^4 ist, d. h. daß sein Wert stark von der Wellenlänge abhängt, was bei Untersuchungen über den Reinheitsgrad der Atmosphäre stark ins Gewicht fällt. So werden ultraviolettes und violettes Licht durch größere extingierende Schichten bald ausgelöscht; diese Auslöschung setzt sich schrittweise über das ganze Sonnenspektrum fort, so daß der Lichtstrahl von weiß allmählich in gelblich weiß, weißlich gelb, gelb, orange, und rot übergeht bis zur Auslöschung, wo er dann den Erdschatten bildet. Die Auslöschungswirkung ist aber für die die Erdoberfläche streifenden Sonnenstrahlen infolge der dichteren Packung der Moleküle verhältnismäßig sehr groß. Da die Sonnenstrahlen besonders im letzten Viertel des Tageslaufes Luftmassen verschiedener Dichte zu durchdringen haben und diese Dichte sich mit dem Lauf der Sonne dem Horizont zu sehr stark ändert, ist es erklärlich, daß eine Wechselwirkung in der negativen Polarisation eintreten muß, wodurch der An- und Abstieg des Arago-Punktes bedingt ist.

Auf Grund der vorstehenden Ausführungen muß also der Arago-Punkt sein sekundäres Maximum bei gleichem Horizontabstand von Sonne und Arago-Punkt durchlaufen. Der Zeitpunkt des Eintretens gleicher Horizontabstände ist variabel, er liegt in normalen Zeiten um etwa 10,5° Sonnenhöhe und ist stark abhängig von dem Trübungsgrad der Atmosphäre. Die hier angestellten Untersuchungen unter Hinzuziehung von 88 Parallelbeobachtungen ergaben im allgemeinen einen Durchschnittsfehler von 0,87° im Arago-Abstand und ± 1,16° in der Sonnenhöhe (Abweichung vom gleichen Horizontabstand). Im besonderen wurden für die einzelnen Spektralbereiche folgende Durchschnittsfehler gefunden:

Spektralfarbe	Abweichung im A-Abstand	Abweichung in der Sonnenhöhe
blau	0.67°	+ 0.99°
grün	0.84°	+ 1.22°
weiß	1.06°	+ 1.24°
rot	1.06°	+ 1.28°

[4]) *V. Dahlkamp*, Beiträge zu Untersuchungen des atm. Reinheitsgrades. Erscheint demnächst in dieser Zeitschrift.

[5]) *V. Dahlkamp* und *H. Kantus*, Untersuchungen über die Verwendbarkeit der Polarisationsisoklinen usw. Ann. d. Hydr. 1944, S. 25—35.

[6]) *C. Dorno*, Himmelshelligkeit und Himmelspolarisation usw. Veröff. d. Preuß. Met. Inst. 303, S, 132 ff., 1919,

Weitere Untersuchungen zeigten, daß in 21 Fällen das sekundäre Maximum mit dem gleichen Horizontabstand der beiden Punkte zusammenfiel. In 19 Fällen war eine Abweichung bis zu 0,5° und in 14 Fällen eine Abweichung von 0,6 bis 1,0° festzustellen. In allen diesen Fällen war der Arago-Abstand zur Zeit der angenäherten gleichen Horizontabstände der beiden Punkte um diese Beträge kleiner als das sekundäre Maximum, welches in unmittelbarer Nähe der gleichen Horizontabstände gefunden wurde. Dieses Ergebnis der Untersuchung steht im guten Einklang mit der diesseits aufgestellten Theorie. Auch die von Jensen, Busch und Dorno in Zeiten größter Trübung (1912 Katmaiausbruch) gefundenen Arago-Abstände sprechen nicht gegen diese Auffassung, wie ein Überblick über die Tabelle 47 b in dem großen Werk von Dorno zeigt. Auch hier kann festgestellt werden, daß das Maximum in der Nähe der gleichen Horizontabstände der beiden Punkte liegt.

Vorstehend wurde gezeigt, daß bei ideal reiner Atmosphäre die Sonne und der Arago-Punkt bei 10,5° Sonnenhöhe den gleichen Abstand vom Horizont haben. Gleichzeitig zeigen die Versuchsreihen, daß bei dieser Sonnenhöhe ein sekundäres Maximum des Arago-Punktes vorliegt, d. h. daß im Bereich positiver Sonnenhöhen ein Maximum der negativen Polarisationskomponente vorhanden ist. Dieser Sachverhalt erklärt sich wohl in erster Annäherung dadurch, daß in diesem Punkte der Abstand des Arago-Punktes von der Sonne ein Minimum hat.

Die Abstandsentfernung von der Sonne S und dem Arago-Punkt A berechnet sich unter der Annahme, daß die Sonne und der Arago-Punkt auf konzentrischen Kreisen mit den Radien R und r wandern, zu

$$\boxed{SA^2 = R^2 + r^2 + 2R \cdot r \cos\left(\varphi_1 + \varphi_2(\lambda)\right)},$$

wobei φ_1 und $\varphi_2 \lambda$ (γ) die Erhebung von Sonne und Arago-Punkt über dem Horizont bedeuten. Da die Höhenlage des Arago-Punktes vom Horizont eine Funktion der Wellenlänge ist, wie die Messungen in den einzelnen Spektralfarben zeigen, schreiben wir zur Kennzeichnung $\varphi_2 \lambda (\gamma)$. In dem für uns in Frage kommenden Sonnenhöhenintervall von 0° bis 20° liegt für die Entfernung SA dann ein Minimum vor, wenn die Summe der variablen Größen φ_1 und $\varphi_2\lambda(\gamma)$ am größten ist. Dieses ist nach der Erfahrung für den Punkt des sekundären Maximums der Fall, also bei normalem Reinheitsgrad der Atmosphäre bei 10,5° Sonnenhöhe. Bei Erreichen dieses Maximums haben die Sonnenstrahlen, die bei sinkender Sonne mehr horizontal gerichtet sind, ein Minimum der Luftmassen zu durchdringen, d. h. daß die Anzahl der in der Volumeneinheit sich befindenden streuenden Teilchen N abgenommen hat. Nach Überschreiten des sekundären Maximums muß die Zahl N je Volumeneinheit der größeren Abstandsentfernung Sonne—Arago-Punkt wieder zunehmen. Dieses bedingt, daß für den Punkt des sekundären Maximums die kurzwellig gestreute Sonnenstrahlung in den Entstehungsbereich des Arago-Punktes dringt und einen Beitrag zur Vergrößerung der negativen Polarisationskomponente liefert.

Die enge Beziehung zwischen dem Arago-Abstand bei 10,5° Sonnenhöhe und der Strahlungsintensität der Sonne bei gleichem Horizontabstand dürfte somit in erster Linie auf den kürzeren Lichtweg der Sonnenstrahlen in den Bereich des Arago-Punktes zu diesem Zeitpunkt zurückzuführen sein.

Die Schwankungen zwischen der Sonnenhöhe einerseits und dem Horizontabstand des Arago-Punktes (Abstand vom antisolaren Punkt) andererseits sind auf die Zusammensetzung der diffundierenden Teilchen und auf unvermittelt auftretende Trübungszustände in der Atmosphäre zurückzuführen, welche dem Auge des Beobachters verborgen sind und z. T. erst später erkannt werden. Hier ist in erster Linie an Luftschlieren, sehr feiner Cirrusschleier, unter dem Horizont stehende Wolken u. ä. gedacht. Im allgemeinen wird festgestellt, daß der Arago-Punkt sein sekundäres Maximum bei gleichem Horizontabstand von Sonne und Arago-Punkt erreicht, um sich von diesem Zeitpunkt ab wieder dem antisolaren Punkt zu nähern. Der abfallende Kurvenast ist eine Folge der Zunahme der positiven Polarisation im Gegensonnenbereich. Auf Grund dieser Erkenntnis ist auch der Auffassung Jensens, nach welcher der Arago-Amplitude für die Beurteilung des atmopshärischen Reinheitsgrades ein größeres Gewicht zuzulegen ist als dem Arago-Abstand, zuzustimmen.

Wie Jensen[7]) bereits gelegentlich seiner Beobachtungen in Ilmenau und auf Helgoland feststellte, zeigen die Winter- und Sommerkurven des Erdschattens eine deutliche Abhängigkeit vom Reinheitsgrad der Atmosphäre, und zwar wird bei reiner Atmosphäre ein schnellerer Anstieg des Erdschattens festgestellt als bei getrübter. Auch Spangenberg[8]) kommt bei seinen Untersuchungen zu dem gleichen Ergebnis. Der Anstieg des Erdschattens entspricht dem Trübungsgrad der Atmosphäre. Ein gleiches Verhalten ist auch beim Arago-Punkt, wie die Messungen zeigen, nach seinem Durchlaufen des sekundären Minimums festzustellen.

Smosarski[9]) führt die Schwankungen des Arago-Punktes auf die Betrachtung immer höherer Atmosphärenschichten zurück, wenn wir in der Richtung des oberen Randes der Gegendämmerung bei sinkender Sonne blicken. Es erhebt sich nunmehr die Frage: „Inwieweit wird die Abstandsänderung des Arago-Punktes nach Sonnenuntergang von dem Erdschatten beeinflußt oder sind beide Komponenten in ihrem Gange voneinander unabhängig?"

Zunächst ist einmal festzustellen, daß der Erdschatten unabhängig ist von der Polarisation des Lichtes; es fragt sich nur, inwieweit die Änderung des Arago-Abstandes von dem Erdschatten beeinflußt wird. Kalitin[10]) hat allgemein festgestellt, daß bei Sonnenhöhen über 5° und wolkenlosem Himmel die Helligkeit der blauen Strahlen im Vergleich zu den roten doppelt so groß ist wie bei bewölktem Himmel und das Verhältnis blau/rot mit Zunahme der Sonnenhöhe sich nicht wesentlich ändert. Sinkt aber die Sonne unter 5°, so nimmt dieses Verhältnis bei bewölktem Himmel sofort zu, während bei wolkenlosem Himmel dagegen eine Zunahme des Verhältnisses erst bei etwa 1° bis 2° Sonnendepression festzustellen ist. Das diffuse

---

[7]) *Chr. Jensen*, Gerl. Beitr. Geophys. *35* (1932), S. 166. bis 188 und Gerl. Beitr. Geophys. *50* (1937), S. 271—278.

[8]) *W. W. Spangenberg*, Ann. d. Hydr. 1942, S. 206—211.

[9]) *W. Smosarski*, Etud„ météorol. hydrogr. Fasc 6 (1926 bis 1929), S. 3—82; Fasc. 4 (1927), S. 60—82.

[10]) *N. N. Kalitin*, Gerl. Beitr. Geophys. 25 (1930), S. 348—359.

Licht der Atmosphäre wird also bei einbrechender Dunkelheit immer reicher an blauen Strahlen. Jaroslawzew[11]) hat ähnliche Beobachtungen mit dem Weberschen Tubusphotometer gemacht. Plassmann[12]) hat aus etwa 2600 Beobachtungen in Münster gefunden, daß die Sonne morgens eine tiefere Färbung zeigte als abends, welches ebenfalls auf einen größeren Blaugehalt des Abendhimmels hindeutet. Auf die photometrischen Angaben von P. Gruner[13]) kann nur hingewiesen werden.

Diese Feststellungen stehen im guten Einklang mit den vom Verfasser[14]) angestellten Beobachtungen des Arago-Punktes und den hieraus aufgestellten Kriterien. Der Erdschatten zeigt an, daß ein Teil der Atmosphäre durch die Erde zwar gegen die direkte Sonnenstrahlung, nicht aber gegen die diffuse Himmelsstrahlung abgeschirmt ist. Da aber die Himmelsstrahlung mit sinkender Sonne reicher an blauen Strahlen wird, wie wir vorstehend gesehen haben, diese aber der Beugung und Diffusion leichter zugänglich sind, so muß auf der Gegensonnenseite mit einer stärkeren Zunahme der negativen Polarisation gerechnet werden. Die Zunahme wird um so größer sein, je reiner die Atmosphäre ist, da sie dann weniger an langwelliger Strahlung erhält. Es ist hier eine Umkehr der Verhältnisse vor und nach Sonnenuntergang festzustellen. Während kurz vor Sonnenuntergang ein Überwiegen der langwelligen Strahlung auf der Gegenseite der Sonne festzustellen war, ist nunmehr nach Sonnenuntergang die kurzwellige Strahlung vorherrschend.

Diese Theorie stimmt mit den Beobachtungsergebnissen, wie sie sich aus den Messungen der Arago-Abstände und den Messungen der Erdschattenhöhe ergeben, gut überein. Als Folge aus dem Vorstehenden ergibt sich, daß auch der Arago-Abstand vom Sonnenuntergang bzw. vom sekundären Minimum nach größeren Sonnendepressionen einen Indikator für den Trübungszustand der Atmosphäre abgeben muß. Da der Abstand des Arago-Punktes sich bei größeren negativen Sonnenhöhen sprungweise und sehr schnell ändert, dürfte auch hier die Amplitude — Minimum bis zu einer bestimmten Sonnentiefe — der Vorzug zu geben sein. Infolge der stark wechselnden Lichtverhältnisse zu dieser Zeit dürfte es allerdings schwierig sein, die Beobachtungen, wenigstens in den Spektralfarben, immer bis zu einer bestimmten Sonnentiefe durchzuführen. Zum Vergleich sind hier einige Messungen, welche Jensen in Lindenberg durchgeführt hat, herangezogen worden. Es sei bemerkt, daß es sich nicht um ausgeglichene Kurvenwerte, sondern um wirklich gemessene Werte handelt.

Tabelle 2

Datum	Amplitude Max/Min.	Abstand Min/ – 6.5⁰
7. 9. p	3.3⁰	5.4⁰
21. 5. p	6.1⁰	5.0⁰
14. 6 p	6.7⁰	4.6⁰

Wie erwartet, zeigt sich hier, daß einer kleinen Amplitude auf der + Sonnenseite ein großer Abstand auf der — Sonnenseite und umgekehrt gegenübersteht. Hier ist nur ein Versuch unternommen worden, ohne eine Festlegung auf die Sonnenhöhe — 6,5° zu beabsichtigen. Vielleicht ist es für diese Versuche zweckmäßig, die Intervalle + Sonnenhöhe/Minimum und Minimum/— Sonnenhöhe viel enger zu wählen. Ein Vergleich mit den in Recklinghausen gefundenen Kurvenwerten bestätigt die vorstehende Auffassung voll und ganz. So wurden folgende Werte gefunden, wobei a) der Amplitude max./min. und b) dem Abstand min./— 4,5° Sonnenhöhe entsprechen.

Tabelle 3

a)	b)	a)	b)
5.6⁰	2.0⁰	6.0⁰	2.5⁰
4.4⁰	2.4⁰	1.4⁰	2.3⁰
1.5⁰	4.2⁰	7 3⁰	3.9⁰

Auf Einzelheiten der Untersuchungen soll hier nicht weiter eingegangen werden, da noch zu prüfen ist, in welchem Verhältnis Amplitude und Abstand zueinander zu bewerten sind. Eine direkte Proportionalität kann jedenfalls zur Zeit noch nicht festgestellt werden.

Wie vorstehend bereits erwähnt, sind die Strahlungsmessungen in Recklinghausen mit dem Aktinographen von Robitzsch und dem Aktinometer von Büttner durchgeführt worden. Nachstehend soll kurz über die Messungsergebnisse berichtet werden. Um über die bioklimatologische Lage Recklinghausens Aufschluß zu erhalten, wurden die Strahlungsergebnisse von vier weiteren Stationen, Gießen, Königstein (Taunus), Geisenheim und Baden-Baden, welche in dankenswerter Weise von der Klimaabteilung des Reichsamtes für Wetterdienst, Herrn Regierungsrat Dr. Leistner, der Volkssternwarte zur Verfügung gestellt wurden, herangezogen. Tabelle 4 zeigt die Durchschnittsstrahlung in gcal/cm² je Tag in den Monaten April bis September 1942, getrennt nach Vormittags-, Nachmittags- und Gesamttageseinstrahlung, wie sie mit dem Aktinographen von Robitzsch gefunden wurde.

Die Seehöhen der Stationen sind folgende: Recklinghausen 95 m, Gießen 187 m, Königstein 403 m, Geisenheim 109 m und Baden-Baden 210 m. Eine Abhängigkeit der Gesamtstrahlung von der Seehöhe des Beobachtungsortes ist bei diesem Vergleich nicht festzustellen, wie eigentlich vermutet werden durfte. Wie die angestellten Untersuchungen (Tab. 4) zeigen, ist die Gesamteinstrahlung in Recklinghausen im April 1942 größer gewesen als in Gießen, Königstein und Geisenheim. Im Vergleich zu Gießen war die Gesamteinstrahlung im Mittel um etwa 38 gcal/cm² je Tag kleiner. Die größten Differenzen in der Einstrahlung zwischen Recklinghausen, Gießen und Königstein sind am Vormittag festzustellen, während die Differenzen am Nachmittag zwischen den genannten Stationen sehr klein werden.

Die mittleren Abweichungen innerhalb der Beobachtungszeit zwischen Recklinghausen einerseits und den

[11]) *J. Jaroslawzew,* Geophys. Met. 5 (1928), S. 1—18; 6 (1929), S. 143—152.

[12]) *J. Plassmann,* Met. Ztschr. *48* (1931), S. 421—425.

[13]) *P. Gruner,* Schweiz. Ztschr. Optik Mechanik *13* (1937), S. 20—23 und Gerl. Beitr. zur Geophys. *46* (1935), S. 206/207; *50* (1937), S. 143—149; *51* (1937), S. 174—194.

[14]) *V. Dahlkamp,* Beiträge zur Unters. d. atm. Reinheitsgrades. Erscheint demnächst in dieser Zeitschrift. Siehe auch *V. Dahlkamp* und *H. Kantus.* Ann. d. Hydr. 1944, S. 25—35,

Tabelle 4

Durchschnittsstrahlung in gcal/cm² je Tag April bis September 1942

Station	April			Mai			Juni		
	Vorm.	Nachm.	Tag	Vorm.	Nachm	Tag	Vorm.	Nachm	Tag
Recklinghausen	176.3	242.3	418.6	155.7	213.3	369.0	211.6	273.0	484.6
Gießen	173.6	218.0	391.6	160.1	223.2	383.3	231.6	296.8	528.4
Königstein (Taunus)	202.5	183.6	386.1	217.2	213.1	430.3	288.2	288.9	577.1
Geisenheim............	187.9	219.0	406.9	223.4	230.0	453.4	269.7	332.9	602.6
Baden-Baden	201.7	234.5	436.2	251.8	269.0	520.8	331.5	373.1	704.6

Station	Juli			August			September		
	Vorm.	Nachm.	Tag	Vorm.	Nachm	Tag	Vorm.	Nachm.	Tag
Recklinghausen	199.7	259.2	458.9	146.9	210.5	357.4	105.4	155.6	361.0
Gießen	241.7	274.5	516.2	162.9	238.8	401.7	123.9	166.7	390.6
Königstein (Taunus)	299.5	266.0	565.5	227.4	224.4	451.8	185.2	202.2	387.4
Geisenheim............	257.0	279.7	536.7	226.5	244.5	471.0	143.0	168.9	311.9
Baden-Baden	257.3	292.2	549.5	244.1	288.5	532.6	179.0	196.0	375.0

Tabelle 5

		Gießen	Königstein	Geisenheim	Baden-Baden
Recklinghausen	vorm.	— 17 gcal/cm²	— 71 gcal/cm²	— 52 gcal/cm²	— 78 gcal/cm²
„	nachm.	— 10 „	— 4 „	— 19 „	— 50 „

Stationen Gießen, Königstein, Geisenheim und Baden-Baden andererseits, getrennt nach Vormittags- und Nachmittagsstrahlung, sind in Tabelle 5 nachgewiesen.

Aus dieser Aufstellung ist deutlich ersichtlich, wie stark die Vormittagseinstrahlung gegenüber der Nachmittagseinstrahlung zurückbleibt. Der Grund hierfür dürfte in einer dickeren Packung der erdnahen Luftschichten am Rande des Industriegebiets zu suchen sein. Mit aufsteigender Sonne tritt dann infolge der durch die Erwärmung eintretenden Vertikalströmung eine Auflockerung der unteren Luftmassen ein, welche für den Nachmittag eine günstigere Einstrahlung als am Vormittag zuläßt. Bei einem Vergleich der einzelnen Tagessummen untereinander konnte für Recklinghausen die gleiche Tendenz wie bei den übrigen vier Stationen festgestellt werden. Es zeigen sich hinsichtlich der Zu- und Abnahme der Gesamtstrahlung an den einzelnen Tagen keine anormalen Abweichungen, welche auf einen besonderen Einfluß der Industrie, außer den einer allgemeinen Trübung, hindeuten. Diese allgemeine Trübung ist gegenüber Gießen nicht sehr groß, wie die vorstehenden Tabellen zeigen, sie reichen aber hin, um bei den Arago-Kurven bei Sonnenhöhen von 20° bis 12° Überschneidungen in den Spektralfarben, über die Verfasser[15]) bereits berichtete, hervorzurufen. Die dieserhalb angestellten Untersuchungen sind noch nicht abgeschlossen.

Tabelle 6

Arago-Abstände in blau und rot

Datum	Arago-Abstände bei 10.5° Sonnenhöhe		Differenz blau – rot	Fadenausschlag bei 10.5° Sonnenhöhe	Bemerkungen
	in blau	in rot			
11. 4.	22.7°	18.2°	4.5°	29.0	
12. 4.	22.5°	21.3°	1.2°	25.0	Gr. I
13. 4.	22.1°	21.8°	0.3°	20.5	
17. 4.	23.4°	21.6°	1.8°	20.0	Gr. II
18. 4.	18.5°	21.9°	– 3.4°	1.0	
7. 5.	23.0°	20.3°	2.7°	24.8	Gr. III
8. 5.	22.5°	18.7°	3.8°	36.2	
5. 6.	23.5°	22.2°	1.3°	22.0	
6. 6.	21.1°	19.3°	1.8°	27.5	Gr. IV
22. 6.	22.6°	19.6°	3.0°	24.5	
3. 7.	22.5°	23.4°	– 0.9°	8.2	
5. 7.	23.6°	21.3°	2.3°	22.0	
18. 8.	24.1°	24.5°	– 0.4°	18.3	
26. 8.	25.8°	28.1°	– 2.3°	15.0	
30. 8.	22.0°	22.4°	– 0.4°	14.0	
9. 9.	23.0°	20.8°	2.2°	14.0	

Tabelle 6 zeigt die Arago-Abstände im roten und blauen Licht, die Differenzen blau—rot und die Fadenausschläge, gemessen mit dem Aktinometer von Büttner, aus dem Jahre 1942.

Infolge der wechselnden Sonnendeklination ergab sich die Notwendigkeit, nahe beieinanderliegende Beobachtungstage zu Gruppen zusammenzufassen, zumal der Eichfaktor für das Büttner-Gerät, wie bereits vorstehend ausgeführt, nicht bekannt ist. Es unterscheiden sich zunächst vier Gruppen.

Die Gruppe I zeigt bei fallender Strahlungsintensität (hier der Fadenausschlag) eine Abnahme des Arago-Abstandes im blauen Licht um 0,6° und eine Zunahme des Arago-Abstandes im roten Licht um 2,6°. Die blauen und roten Kurven nähern sich bei fallender Strahlungsintensität, welches gleichbedeutend mit einer Zunahme der atmosphärischen Trübung ist. Der Abstand zwischen blau und rot fällt von 4,5° auf 0,3°.

Die Gruppe II zeigt bei stark fallender Strahlungsintensität eine Abnahme des Arago-Abstandes im blauen Licht um 4,9° und eine Zunahme des Arago-Abstandes im roten Licht um 0,3°, wobei der Abstand zwischen blau und rot von 1,8° auf — 3,4° fällt, d. h. die rote Kurve verläuft oberhalb der blauen.

[15]) *V. Dahlkamp*, Beiträge zu Untersuchungen d. atm. Reinheitsgrades... Erscheint demnächst in dieser Zeitschrift.

Die Gruppe III zeigt bei steigender Strahlungsintensität eine Abnahme der Arago-Abstände im blauen und roten Licht von 0,5° bzw. 1,6°, wobei der Abstand blau—rot von 2,7° auf 3,8° anwächst.

Bei der Gruppe IV liegen die Verhältnisse ähnlich wie bei der Gruppe III.

Im großen und ganzen folgen bei homogenen Luftverhältnissen die Arago-Abstände den Strahlungsintensitäten invers, es wäre aber unrichtig, wollte man von den Strahlungsintensitäten auf die Arago-Abstände oder umgekehrt schließen, da ja die Umgebung der Sonne bei weitem nicht der Umgebung des Arago-Punktes entsprechen muß. Diese Diskrepanz zeigen uns z. B. ganz deutlich die Messungen vom 11. 4. und 8. 5. Die Arago-Abstände im blauen und roten Licht sind an diesen beiden Tagen nicht wesentlich verschieden voneinander, die Differenz blau—rot beträgt am 11. 4. = 4,5° und am 8. 5. = 3,8°. Dagegen beträgt der Fadenausschlag am Strahlungsmesser am 11. 4. = 29 Einheiten und am 8. 5. = 36,2 Einheiten. Nach letzterem müßte die Atmosphäre am 8. 5. reiner gewesen sein als am 11. 4., da an diesem Tage der größere Fadenausschlag verzeichnet wird, nach ersterem aber, entsprechend der Differenz blau—rot muß ein größerer Reinheitsgrad für den 11. 4. angenommen werden. Die Aufzeichnungen besagen aber, daß am 11. 4. ein Dunstschleier vor und über der Sonne lag, so daß die größere Blau-rot-Differenz an diesem Tage auf eine größere Reinheit des Osthorizonts hindeutet, als die größere Strahlung am 8. 5. anzeigte, wenn man dem Kriterium blau—rot nach N e u b e r g e r[16]) den Vorzug gibt. Ein gleiches Beispiel zeigen die Messungen am 6. 6. und 22. 6., wobei am 6. 6. Dunst am Osthorizont verzeichnet wurde. Eine lineare Abhängigkeit sowohl der Arago-Abstände als auch der Differenz blau—rot von den Strahlungsintensitäten ist nur unter gewissen Bedingungen nachweisbar. Da dieses aber sehr selten der Fall sein wird, so ergibt sich die notwendige Forderung, neben den Strahlungsmessungen auch Polarisationsmessungen auszuführen, wenn man ein richtiges Bild über die Transparenz der Atmosphäre in allen Teilen erhalten will, und daß es nicht angängig ist, wie gezeigt wurde, aus der Transparenzeigenschaft der Atmosphäre auf der Sonnenseite Schlüsse zu ziehen, deren Gültigkeit man für die gesamte Atmosphäre zu verallgemeinern versucht. Hoffentlich wird es durch weitere Versuche gelingen, die Wechselwirkung, die zwischen der Strahlungsintensität der Sonne und den Lageänderungen der Arago-Punktabstände bestehen, so eindeutig zu klären, daß man durch eine gewisse Kombinationsmethode in die Lage versetzt wird, den tatsächlichen Transparenzzustand der gesamten Atmosphäre durch Messungen am West- wie am Osthorizont eindeutig beurteilen zu können. Es ist ferner zu berücksichtigen, daß für die Polarisationserscheinungen in erster Linie nur die Lichtdiffusion in Frage kommt, wohingegen für die Sonnenstrahlungsintensität die selektive Absorption als mehr oder weniger stark schwächendes Moment hinzutritt.

Vorstehende Ausführungen geben auch eine Erklärung für die sehr unterschiedlichen Korrelationskoeffizienten zwischen den Arago- und Babinet-Punktabständen bei gleichen Sonnenhöhen, die J e n s e n[17]) für die verschiedensten Jahre gefunden hat, ohne für ihre Variabilität, wie aus nachstehender Tabelle zu entnehmen ist, eine Begründung zu geben.

Tabelle 7

Nr.	Genauere Bezeichnung	Zahl der Reihen	Korrelations-koeffizient
1.	A-Abstand bei + 4.5° ⊙ H. und Ba-Abstand bei der nämlichen ⊙ H. in Arnsberg; Jahresdurchschnittswerte zwischen den Jahren 1886 und 1918, zwei Halbjahrswerte	22	+ 0.992 ± 0.002
2.	A- und Ba-Abstand bei der ⊙ H. + 3.5° in Arnsberg; Jahresdurchschnittswerte zwischen 1886 und 1918	19	+ 0.935 ± 0.009
3.	A- und Ba-Abstand bei + 4.5° ⊙ H. in Hamburg 1909 bis Juli 1915	73	+ 0.811 ± 0.027
4.	A- und Ba-Abstand bei der zwischen + 4.5° und + 0.5° liegenden durchschnittlichen ⊙ H. in Hamburg 1915, 1916 und 1917	57	+ 0 557 ± 0.059
5.	A- und Ba-Abstand bei + 4.5° ⊙ H. in Arnsberg 1914..............................	28	+ 0.643 ± 0.076

Korrelationskoeffizienten zwischen den neutralen Punktabständen.

Die drei ersten Korrelationskoeffizienten deuten darauf hin, daß zwischen den Abstandsänderungen des Babinet- und des Arago-Punktes eine sehr enge Beziehung zu bestehen scheint, während die beiden letzten Koeffizienten diese Tatsache nicht bestätigen. Der gute Koeffizient in den ersten Fällen könnte uns in Erstaunen setzen, weil zu seiner Berechnung die durch die Katmaitrübung stark gestörten Jahre 1912 bis 1914 verwertet sind. Wie aber sämtliche Arbeiten, die sich mit dem meteorologisch-optischen Phänomen dieser Jahre befassen, zeigen, hatte diese starke Trübung fast gleichmäßig die ganze Atmosphäre erfaßt, so daß zwischen Ost- und Westhimmel kein meßbarer Trübungunterschied bestand, wie auch aus dem gleichartigen Verhalten des Arago- und Babinet-Punktes in dieser Trübungszeit zu erkennen ist. Da die Schwankungserscheinungen zwischen den beiden neutralen Punkten sehr eng waren und die Wertegrößen die der anderen Jahre bei weitem übertrafen, so ist es wahrscheinlich, daß bei Aufstellung des Korrelationskoeffizienten diese Wertegruppierung aus den Jahren 1912 bis 1914 derart ein Übergewicht hatte, daß der Korrelationskoeffizient unter Einbeziehung dieser Jahre immer einen hohen Wert erhält und demnach nicht allgemein ohne Bedenken anzuerkennen ist.

Die aus den Jahren 1915 bis 1917 errechneten Koeffizienten zeigen keine so eindeutige Beziehung zwischen den vorgenannten neutralen Punkten. Wie D a h l k a m p und K a n t u s[18]) für Hamburg nachgewiesen haben, lag Hamburg von August 1916 bis

[16]) *H. Neuberger*, Studies in Atmospheric Turbidity in Pennsylvania, S. 22.

[17]) *Chr. Jensen*, Ann. d. Hydr. 1943, S. 48.

Februar 1917 im Bereich einer meteorologisch-optischen Trübung. Diese Trübung bewegte sich über den mitteleuropäischen Raum in nordöstlicher Zugrichtung. Daraus geht hervor, daß der Westhimmel eher und viel stärker von der Trübung betroffen sein mußte als der Osthimmel. Gleichzeitig ist noch zu bemerken, daß die Trübung nicht von gleicher Dichte war, sondern sich aus mehreren Trübungsstößen von wechselnder Ausdehnung zusammensetzte. So ist es leicht verständlich, daß zwischen Ost- und Westhimmel im Reinheitsgrad ein gut meßbarer Unterschied bestanden haben muß, der nicht mehr einen engen Gleichlauf der neutralen Punkte garantierte, was auch der schlechtere Korrelationskoeffizient gut anzeigt. Der für Arnsberg aus dem Jahre 1914 angegebene, ebenfalls nur mittlere Koeffizient von 0,643 ist dadurch bedingt, daß im Jahre 1914 die Katmaitrübung stark abklang und die Atmosphäre noch unter der Nachwirkung kleiner Störungsperioden wechselnder Zugrichtung stand, so daß zwischen Ost- und Westhimmel wohl mehrfach eine Diskrepanz im Reinheitsgrad der Atmosphäre aufgetreten sein müßte. Allgemein können wir sagen, daß zwischen den Abstandsänderungen des Arago- und Babinet-Punktes eine enge Beziehung besteht, wenn eine ideal reine oder in allen Punkten fast gleichmäßig stark getrübte Atmosphäre vorhanden ist. Diese Beziehung lockert sich stark, wenn vorstehende Voraussetzung nicht gegeben ist. Die Polarisationserscheinungen des Himmelslichtes sind ein so feines Reagenz auf Reinheitsschwankungen oder auch Dichteschwankungen der Atmosphäre, daß diese Erscheinung nicht einmal so stark ausgeprägt zu sein braucht, um sie visuell zu erkennen. Da diese Schwankungserscheinungen in der Atmosphäre viel leichter an der Sonnenseite als an der Gegensonnenseite auftreten, wird auch der Babinet-Punkt von der Veränderung viel stärker getroffen als der Arago-Punkt. Daraus darf man jedoch nicht die Tatsache ableiten, daß es vordringlicher sein dürfte, die Sonnen — als die Gegensonnenseite zu beobachten und nur dort zu messen; erst die Ergebnisse von beiden mit gleichen Gewichten versehenen Messungen geben ein richtiges und klares Bild des atmosphärischen Reinheitsgrades.

Wie auch bereits in der Arbeit von D a h l k a m p und K a n t u s[18]) über das Verhalten der Polarisationsisoklinien zu den Dämmerungserscheinungen gezeigt wurde, kann auch die Depolarisation des Lichtes an einem nicht gleichmäßigen Verlauf zwischen dem Gang der Strahlungsintensitäten und dem Gang der neutralen Punkte stark beteiligt sein. Es konnte der Nachweis erbracht werden, daß bodennahe Dunstschichten infolge der Packung, Größe und Struktur der Teilchen zwar einen Einfluß auf die Strahlungsintensitäten, aber keinen oder nur geringen Einfluß auf die Polarisationsverhältnisse zeigten. Eine proportionale Übereinstimmung dieser Messungen wird sich daher nur in den seltensten Fällen nachweisen lassen. Die nachweisbare Wechselwirkung zwischen den Arago-Abständen und den Strahlungsintensitäten ist, wie auch schon aus Tabelle 6 zu ersehen ist, sehr variabel, da ja die Depolarisation des Lichtes alle Stufen bis zur völligen Depolarisation durchlaufen kann. Die Gruppen I und II zeigen bei fallender Strahlungsintensität, welche gleichbedeutend mit einer Trübungszunahme ist, auch ein Fallen der Arago-Abstände im blauen Licht. Dieses indifferente Verhalten entspricht nicht dem bisher gültigen Kriterium, nach welchem mit zunehmender Trübung eine Vergrößerung des Abstandes eintreten soll. Die Gruppen III und IV dagegen zeigen den durch das Kriterium festgelegten normalen Verlauf. Die Abstände des Arago-Punktes im roten Licht folgen überall invers der Sonnenstrahlung. Auf die diesbezüglichen Ausführungen N e u b e r g e r s in seiner Studie wird verwiesen. N e u b e r g e r möchte das indifferente Verhalten des Arago-Punktes im blauen Licht in Zeiten größerer Trübung dahingehend auslegen, daß das Kriterium für die Abstände des Arago-Punktes im blauen Licht nur in gewissen Grenzen gültig ist, so gedacht, daß der Abstand des Arago-Punktes im blauen Licht mit zunehmender Trübung bis zu einem bestimmten Punkte wächst, um von dort, bei weiterem Anwachsen der Trübung, wieder abzunehmen. Diese Erklärung entspricht jedoch nicht den allgemeinen Beobachtungsergebnissen, und wie N e u b e r g e r weiter ausführt, muß das Kriterium für alle Spektralfarben seine volle Gültigkeit behalten. Die Abweichungen in diesem Spektralbereich dürften in erster Linie auf die Wellenlänge des Lichtes und auf die Struktur der Atmosphäre zurückzuführen sein; sie hängen zweifellos mit den hier häufig beobachteten Überschneidungskurven zusammen. Nach den weiteren Ausführungen Neubergers ist die Differenz blau—rot ein guter Indikator für den Trübungsgrad der Atmosphäre. Wie jedoch aus der Tabelle 6 weiter zu ersehen ist, sind auch hier Abweichungen in bezug auf die Strahlungsintensitäten vorhanden, die noch einer Klärung bedürfen. Insbesondere wird auf die Gruppe II hingewiesen, wo bei sehr starker Trübungszunahme entsprechend den Fadenausschlägen der Arago-Punkt im roten Licht seine Lage nur um 0,3° ändert, während der Arago-Punkt im blauen Licht eine Änderung um 4,9° erfährt, und zwar entgegengesetzt dem Kriterium. Aus vorstehenden Ausführungen heraus muß nochmals betont werden, daß nach diesseitiger Auffassung für die Beurteilung des atmosphärischen Reinheitsgrades nicht nur Messungen einer Art heranzuziehen sind; die Ergebnisse werden immer relativ sein. Die Aussage kann sich immer nur auf die beobachtete Himmelsgegend beziehen. Zur Beurteilung der Gesamtatmosphäre sind sowohl die Polarisationsmessungen und hier vor allem Messungen in den verschiedenen Spektralfarben, die Strahlungsmessungen als auch die Beobachtung der Dämmerungsphänomene heranzuziehen. Wie Verfasser in seiner Arbeit zeigen konnte, ist gerade der Polarisationsmessung in den verschiedenen Spektralfarben besondere Bedeutung beizulegen, da das Verhalten der Spektralfarben unter sich, wichtige Schlüsse auf den Reinheitsgrad der Atmosphäre und vielleicht auch auf die Zusammensetzung der trübenden Teilchen zulassen.

Alle voraufgeführten Komponenten werden unter sich einen weitgehenden Gleichlauf aufzeigen, wie aus der Arbeit von D a h l k a m p und K a n t u s zu entnehmen ist, jedoch können durch die Depolarisation des Lichtes Verhältnisse vorgetäuscht werden, welche der Wirklichkeit widersprechen. Wenn N e u b e r g e r in USA. zu dem hervorragende Ergebnis seiner Untersuchungen kommen konnte, dann nur deswegen, weil ihm ausgezeichnete atmosphärische Verhältnisse zur

[18]) *V. Dahlkamp* und *H. Kantus*, Ann. d. Hydr. 1944, S. 33 und 132.

Verfügung gestanden haben müssen. Hier am Rande des Industriegebietes liegen die Verhältnisse nicht so klar und eindeutig. Trotzdem finden die Ausführungen Neubergers hier allgemein ihre Bestätigung, wenn auch noch manche Diskrepanzen vorhanden sind, welche noch einer Klärung bedürfen.

Zum Schluß bleibt mir noch übrig, Herrn Kantus für sein reges Interesse an dieser Arbeit und seine guten Ratschläge meinen besonderen Dank abzustatten.

Zusammenfassung. In vorstehender Arbeit konnten zunächst die Ergebnisse der Untersuchungen über die Beziehungen der Sonnenstrahlungsintensitäten zum Arago-Punkt bei gleichen Sonnenhöhen mitgeteilt werden. Es wurde der Versuch unternommen, die enge Beziehung beider Punkte — Sonne und Arago-Punkt — bei der Sonnenhöhe von 10,5° zu deuten. Wie gezeigt wurde, ist diese enge Beziehung auf den kürzesten Lichtweg der Sonnenstrahlen in den Bereich des Arago-Punktes zurückzuführen. Gleichzeitig wurde gefunden, daß zu diesem Zeitpunkt der Arago-Punkt sein sekundäres Maximum erreicht, und zwar bei gleichem Horizontabstand der beiden Punkte. Der Anstieg des Arago-Punktes zu seinem sekundären Maximum und der Abstieg zu seinem sekundären Minimum, sowie der rasche Anstieg nach Sonnenuntergang konnte einer Erklärung auf physikalischer Grundlage zugeführt werden. Auf Grund dieser Untersuchungen muß noch festgestellt werden, daß der bei verschiedenen Forschern vermutete neutrale Punkt unter der Gegensonne nicht vorhanden sein kann, weil der Erdschatten die Bildung dieses Punktes nicht zuläßt, da in seinem Bereich jegliches direkte Sonnenlicht, welches zur Entstehung eines neutralen Punktes erforderlich wäre, ausgelöscht ist. Über das Ergebnis der Strahlungsmessungen in Recklinghausen im Vergleich zu vier weiteren Stationen wurde kurz berichtet. Ferner wurden die Arago-Abstände im blauen und roten Licht sowie die Differenz blau—rot mit den Strahlungsintensitäten verglichen mit dem Ergebnis, daß zwar eine enge Beziehung zwischen den beiden Komponenten festzustellen ist, diese aber durch die Depolarisation des Lichtes und anderer Ursachen, wie gezeigt werden konnte, stark verwischt werden kann.

Anschrift des Verfassers: Recklinghausen, Elperweg 84.

Eine tagesperiodische Ausgleichströmung über Thüringen

mit 4 Abbildungen

Von H. G. Koch-Weimar

Zusammenfassung:

Die im Tagesgang entstehenden Luftdruckunterschiede zwischen den Mittelgebirgen und dem Thüringer Becken bedingen an windstillen Schönwettertagen eine Kreislaufströmung, deren unterer Ast nachts vom Gebirge weg, am Tage zum Gebirge hin gerichtet ist. Besonders gut tritt der Wechsel im Saaletal, jedoch auch an allen anderen Stellen des nördlien Gebirgsvorlandes zu Tage. Die Pilotvisierungen des ehemaligen Flugwetterdienstes lassen erkennen, daß die Zirkulation bei allen Richtungen der freien Höhenströmung auftreten kann, sofern diese nicht zu kräftig ist und zerstörend wirkt. Sonneberg gilt als Beleg, daß jeweils eine entgegengesetzte Strömung auf der Südseite des Thüringer Waldes vorhanden ist. In Jena treten zur „Saaleströmung" die lokalen Systeme der Seitentäler hinzu.

Schon Kleinschmidt[1]) und später Burger und Ekhart[2]) haben für die Alpen, letzterer auch für Nordamerika das Vorhandensein von tageszeitlich wechselnden, nicht gradient-, sondern rein orographisch bedingten Ausgleichströmungen nach dem Hann'schen Zirkulationsschema nachgewiesen. Es braucht deshalb nicht zu verwundern, daß im Sommer 1945 auch in Thüringen eine völlig gleichwertige, wenn auch kleinere Kreislaufstörung aufgefunden wurde, die ihre Entstehung den Luftdichteunterschieden zwischen dem Thüringer Wald und dem ostthüringischen Schiefergebirge einerseits sowie dem Thüringer Becken und der Leipziger Bucht andererseits verdankt[3]). Es zeigt sich an sonst windschwachen Schönwettertagen nachts und vormittags eine südliche, nachmittags eine nördliche Luftbewegung, die nicht nur ganz Thüringen nördlich der Mittelgebirge, sondern auch fast das gesamte Bundesland Sachsen (Ausgleich zum Erzgebirge-Vogtland) überdeckt. Ihre Realität ist in allen Einzelheiten, besonders unter sorgfältigster Ausschaltung jedweder Verwechslung mit gradientbedingten Höhenwinden, nach Höhe, Tageszeit und örtlichen Erscheinungsformen einwandfrei zu belegen.

In dem quer zum Thüringer Wald in Richtung NNE in die ostthüringische Randplatte eingeschnittenen mittleren Saaletal ist dem unteren Ast der Zirkulation eine bequeme Strömungsrinne vorgegeben, die im Gegensatz zu der zwar als bewegtes Hügelland, im ganzen jedoch als ziemlich eben anzusehenden Beckenlandschaft Thüringens die Bewegung in den untersten Schichten nicht nur nicht hemmt, sondern sogar beschleunigt. So kam es, daß die tagesperiodische Strömung gerade in Jena, an der günstigsten Stelle des Saaletales und in gleicher Entfernung zwischen Ge-

[1]) *E. Kleinschmidt:* Der tägliche Gang des Windes in der freien Atmosphäre und auf Berggipfeln. Beitr. Phys. fr. Atm. *10*, 1, 1922.

[2]) *A. Burger* und *E. Ekhart:* Über die tägliche Zirkulation der Atmosphäre im Bereich der Alpen. Gerlands Beitr. Geoph. *49*, 341, 1937.

[3]) *F. Möller* in Hann-Süring, Lehrbuch der Meteorologie. 5.Auflage, 6. Teil S. 549. 1940.

birge und Ebene gelegen, erstmalig beobachtet werden konnte. Hier zeigte sich auffallenderweise bei lokalklimatologischen und kleinaerologischen Nachtmessungen anstatt der erwarteten west-östlich gerichteten Seitentalabwinde im Saaletal regelmäßiger Südwind, von der Stärke 2—3, maximal von 25 kmh, nachmittags ein um etwa eine Beauforteinheit stärkerer Nord- bis Nordostwind, also ein eindeutiger Wechsel zwischen Nacht- und Tagesphase. In Verbindung mit den das Saaletal zu drei Viertel Höhe ausfüllenden häufigen Bodennebeln der Hoch- und Spätsommermonate bewirkt der Südwind in den Frühstunden eine physiologisch recht fühlbare Abkühlung und ein nicht zu übersehendes nachteiliges Wetterelement gerade an Schönwettertagen.

Zur Veranschaulichung der Wind- und Wetterverhältnisse sind nachfolgend aus der 12tägigen Hochdruckperiode der ersten Septemberhälfte 1945 die Klimabeobachtungen von 4 Tagen für 4 Orte Thüringens wiedergegeben:

Tabelle 1

Datum	Uhrzeit	Jena		Bad Kösen	Gotha	Sonneberg
	07 MEZ	**S** *) **3**	Nebel	**SW 2**	C	**N 1**
2. 9. 1945	14	**NE 2**	3/10	**NE 3**	C	NE 3
	21	**N 2**	0/10	**NE 2**	E 1	NE 4
	07	**S 2**	Nebel	**SE 2**	C	**NE 3**
3. 9. 1945	14	**NE 2**	2/10	SW 3	ENE 1	**W 1**
	21	**NNE 1**	0/10	SW 2	C	**N 5**
	07	**S 2**	Nebel	**S 3**	NNE 1	**N 2**
4. 9. 1945	14	**NNE 2**	0/10	**NE 3**	NE 1	**S 3**
	21	**N 2**	1/10	**NE 2**	ENE 1	**N 4**
	07	**S 1**	9/10	**S 2**	C	**N 1**
5. 9. 1945	14	**N 1**	9/10	**E 2**	C	**S 2**
	21	**N 1**	10/10	**NE 2**	C	**N 3**

Sogar bei der am 5.9. fast geschlossenen flachen Quellschichtbewölkung hat dieser Tag bei windschwacher Spätsommerlage wie die drei vorhergehenden Schönwettertage in Jena und Bad Kösen, den beiden Saaletalstationen, morgens den Süd-, zum Mittag- und Abendtermin den Nordwind ungestört aufzuweisen. In dem eben gelegenen Gotha ist trotz der Nähe des Thüringer Waldes (25 km) die Zirkulation am Boden nicht beobachtet worden. In dem 640 m hoch auf den Südhängen des Thüringer Waldes freigelegenen Sonneberg läßt sich ein regelmäßiger Wechsel in umgekehrter Richtung erkennen. Auch hier sind beide Phasen der Ausgleichströmung an Schönwettertagen mit der Stärke 2 bis 3 klar ausgeprägt. Nur zeigt sich im Gegensatz zu den vom Gebirgskamm weiter entfernten Stationen Jena, Bad Kösen, Erfurt usw. im Spätsommer das Kentern von der Tag- zur neuen Nachtphase schon um Sonnenuntergang. Das Vorhandensein der Ausgleichströmung auch auf der Südseite des Gebirges wird durch die Sonneberger Beobachtungen also hervorragend bestätigt.

Auch während der kalten Jahreszeit ist die Saaletalströmung bei antizyklonalen Schönwettertagen deutlich nachweisbar. Das Vorhandensein der Tagesphase aus Nord ist allerdings bei der Kürze und der geringen Intensität der Sonneneinstrahlung nicht zu erwarten. Dafür ist, da die Ausstrahlungsvorgänge überwiegen, der nächtliche Südwind um so stärker und langanhaltender ausgeprägt, indem er sich häufig einwandfrei gegen die winterlichen Ostwinde durchzusetzen vermag:

Tabelle 2

Datum	Uhrzeit	Jena	BadKösen	Weimar	Gotha
	07	**S 2**	NE 1	NE 2	ENE 3
22. 1. 1946	14	C	NE 2	ENE 3	ENE 3
	21	**NE 2**	NE 1	NE 1	ENE 1
	07	**S 3**	NE 2	ENE 2	C
23. 1. 1946	14	**S 1**	NE 1	NE 2	SE 1
	21	C	NE 1	ENE 1	SW 1
	07	**S 3**	**S 3**	**S 1**	SW 3
24. 1. 1946	14	**SW 1**	**S 3**	NE 1	C
	21	**SW 1**	**S 1**	NE 1	C
	07	**S 3**	**S 1**	E 1	**SSW 2**
25. 1. 1946	14	**SE 1**	**S 1**	N 1	**SSW 1**
	21	C	**S 1**	N 1	**S 1**
	07	**S 3**	**S 2**	N 1	ENE 2
26. 1. 1946	14	**SSE 1**	**SE 2**	SE 2	NW 2
	21	C	**SE 1**	– –	WNW 1

Lediglich die Abschwächung der Südkomponente zum Mittagstermin deutet darauf hin, daß sich ein nordsüdliches Druckgefälle einstellen will, das den Gebirgsabwind schwächt. Weimar und Gotha lassen im Winter kaum eine Südströmung erkennen.

Das Vorherrschen der Südwinde in Jena geht auch deutlich aus den klimatologischen Mittelwerten her-

*) Alle fettgedruckten (unterstrichenen) Windangaben gehören zum örtlichen Windsystem der Thüringer Ausgleichströmung.

vor. Dem Tabellenband zur „Klimakunde des Deutschen Reiches“ 1939 sind für Jena als mittlere Windrichtungsverteilung für Südwind 15,0; für Südwest 24,3 und Westwind 14,9 Prozent zu entnehmen. Für Erfurt lauten die entsprechenden Zahlen 8,9; 39,4 und 13,3 Prozent, für Meiningen 11,0; 29,9; 9,3. Das in Jena neben das allgemeine Maximum bei Südwest tretende sekundäre Maximum der Südwinde ist also offensichtlich ein örtlicher Effekt, welcher der Wirkung des 200 m tief und 2 bis 3 km breit eingeschnittenen Saaletales zuzuschreiben ist. Daß er aber nicht allein eine Ablenkung der häufigen, zyklonal bedingten Südwestwinde, sondern auch auf Kosten der Ausgleichszirkulation kommt, zeigt die Auszählung der Windrichtungen nach den 3 Klimaterminen im Mittel der Jahre 1935 bis 1945:

Tabelle 3

	N	NE	E	SE	S	SW	W	NW	C
07 Uhr	4,1	6,4	2,1	2,5	**21,1**	**23,3**	10,9	4,1	24,5
14 Uhr	7,8	**13,1**	6,2	4,4	**17,9**	**17,9**	14,4	8,0	10,4
21 Uhr	6,2	7,3	3,2	1,7	**10,8**	**13,9**	9,9	6,9	38,1
Mittel	6,2	8,9	3,8	2,9	16,6	19,2	11,7	6,4	24,3

Hier treten zum Morgentermin die Südwinde wesentlich stärker hervor, mittags gewinnt die nördliche Komponente, vor allem der Nordost, stark auf Kosten der Süd- und Südwestwinde. Am Abend verschleiern die infolge Dunkelheit zu häufig notierten Windstillen das Vorhandensein schwacher Nordwinde. Viel deutlicher dominieren für den gleichen Zeitraum die Südwinde in den Monaten November bis Februar, an denen ja die Tagesphase aus Nordost, wie erwähnt, nicht zustande kommt.

Tabelle 4

	N	NE	E	SE	S	SW	W	NW	C
07 Uhr	4,1	6,6	1,5	2,6	**20,6**	**22,7**	8,6	3,0	30.1
14 Uhr	6.0	**10,9**	3,1	4,2	**26,4**	**19,6**	9,6	4,6	15,6
21 Uhr	3,0	5,8	2,0	2,1	**17,1**	**19,4**	8,2	2.3	39,6
Mittel	4,4	7,7	2,2	2,9	21,7	20,6	8,8	3.3	28.4

Daß die Südwinde nicht auch zum Früh- und Abendtermin vorherrschen, ist zweifellos wiederum auf Rechnung der bei Dunkelheit stark überwiegenden Calmen zu schreiben.

Betrachtet man die Windverhältnisse an einem wolkenlosen Strahlungstag über ganz Thüringen, so ergibt sich bei der Darstellung aller Bodenwindbeobachtungen in Abb. 1 deutlich der Wechsel der Windphase im nördlichen Mittelgebirgsvorland. Mit dem Kartenrand schließt gleichzeitig die Reichweite der spürbaren Bodenwinde ab. Die Klimastellen Rastenberg, Kaltennordheim und Blankenburg sind reine Talkessellagen ohne Eigenheiten; Tabarz, Schleusingen und Hirschberg/Saale haben in Talausgangslagen reinen Berg- und Talwind aufzuweisen, der zwar dieselbe Richtung, aber andere, auf das Gebirge allein beschränkte Entstehungsursachen hat; Brotterode, Lehesten und vor allem der Inselsberg sind Höhenstationen in der Nähe des windschwachen, leicht östlich bestimmten Divergenzgebietes um den Gebirgskamm. Sonneberg hat wiederum die Ausgleichströmung des Südabhangs entgegengesetzt den nördlichen Flachlandstationen in klarer Eindeutigkeit aufzuweisen. Die als einzige für Thüringen vorliegende Höhenwindmessung dieses Ortes gibt um 12 Uhr mittags bis 1000 m NN Windstille, in 2000 m ENE 8 kmh, um 18 Uhr von 200 bis 2000 m ENE 5 kmh, darüber gleich schwachen NE.

Der Nachweis eines lokalen Windsystems ist erst dann vollständig, wenn auch die Strömungsverhältnisse der Höhe dargestellt werden. In Ermangelung der sonst verwendeten Pilotvisierungen wurden deshalb bei Jena Bodenwindbeobachtungen im Tal, an den Hängen und auf den Höhen in Stadtnähe an zwei vollkommen wolkenlosen Schönwettertagen mit Früh-Tal-

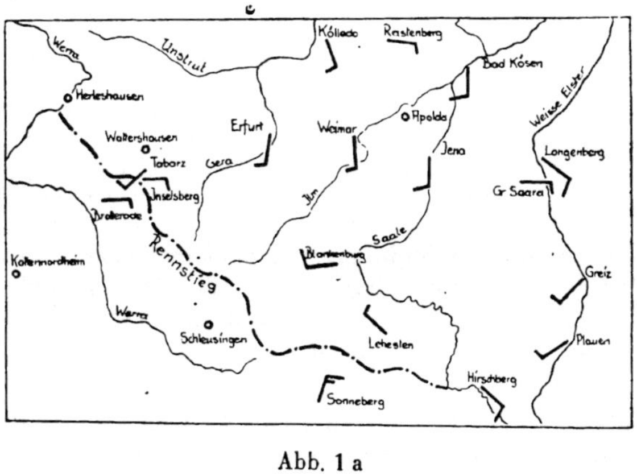

Abb. 1 a

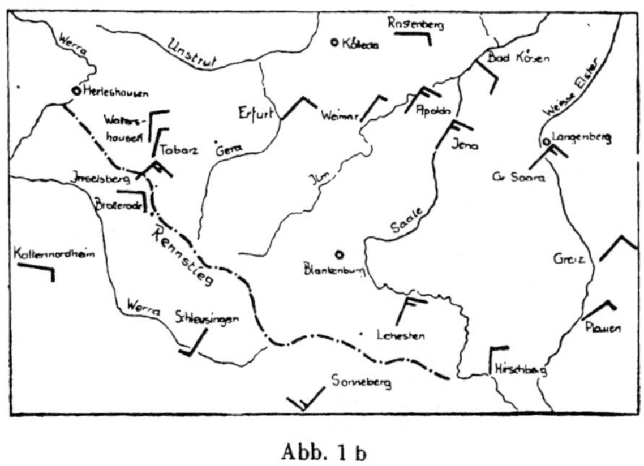

Abb. 1 b

nebel angestellt. Mit Hilfe der Kaminfeuer der Häuser im Tal, eines 60 m hohen (Klinik) und eines 100 m hohen (Zeiß) Schornsteines, ferner des direkt nördlich der Stadt 260 m hoch gelegenen „Landgrafen", der Höhe 310 am „Blinkerdenkmal" und des „Windknollens" oder „Napoleonsteines" mit 361 m NN läßt sich die vertikale Struktur der untersten 250 m schon sehr gut darstellen. Das Fehlen eines stärkeren Sollwindes während der Altweibersommertage war im Wetterkartenbild gewährleistet. Im völlig ungestörten Fall der Abb. 2a läßt sich die aus Süd bis Südsüdwest kommende nächtliche Phase noch in voller Stärke bis nach der um 10,30 Uhr beendeten Nebelauflösung, im ganzen bis $3^1/_2$ Stunden nach Sonnenaufgang feststellen (der Westsüdwest am Landgrafen und Blinkerdenkmal ist einer Ablenkung des westöstlich einflie-

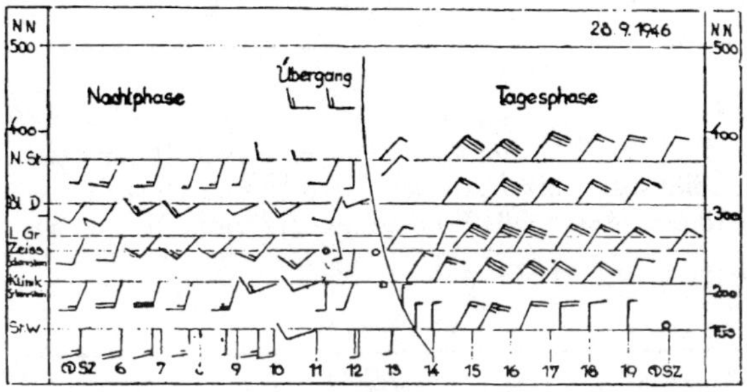

Abb. 2a

ßenden Seitentalwindes aus dem Mühltal zuzuschreiben[4])). Nach 11 Uhr erst folgt vom Boden her das Abflauen, nach nur viertelstündiger Flaute um 12,30 bis 12,45 Uhr von oben her der zunächst schwache, nach $^5/_4$ Stunde stark auffrischende NNE bis NE der Tagesphase. Um 12,45 Uhr ist für kurze Zeit eine Überlagerung des bodennahen Südwindes mit windstiller Übergangszone durch den über 300 m NN bereits einsetzenden Nord vorhanden. Die Tagesphase flaute an diesem Tage schon von 16,15 Uhr ab und erlosch in der Stadt eine Stunde, auf den Höhen 2 Stunden nach Sonnenuntergang. Das Kentern am Abend von Nord auf Süd geht langsamer vor sich als jenes am Mittag. Schon vor Mitternacht ist aber der Gebirgsabwind vorhanden. Alle Werte lassen vom Tal zur Höhe eine Rechtsdrehung erkennen, die am Nachmittag größer ist als am Morgen. Zum Teil ist diese auf die gewöhnliche Reibung innerhalb der Strömung und an der Erdoberfläche zum geringen Teil aber auch dem Geländeeinfluß der von S nach NNE gerichteten Talwände zuzuschreiben. Auf der Höhe des Napoleonsteines ist eine Beschleunigung besonders des Tageswindes infolge Düsenbeschleunigung sehr wahrscheinlich. Da aber diese für Jena schon als Höhe geltende Meßstelle am Rande des Saaleeinschnittes nur eine geringe Erhebung, innerhalb der Thüringer Mulde also noch Bodennähe bedeutet, ist in dieser Schicht allgemein noch nicht mit Geschwindigkeitsabnahme zu rechnen.

Das Fehlen von Windmessungen aus den Schichten über Bergeshöhe läßt sich vielfach durch hochaufsteigenden Kaminrauch oder Wolkenzugbeobachtungen ersetzen. Bei sehr gradientschwachen Hochdrucklagen ist eine obere Rückkehrströmung von geringer Geschwindigkeit vorhanden (5. 9., 8. 9., 26. 9. 1945). In den meisten Fällen zerstört der obere Sollwind die Rückkehrströmung und übernimmt dessen Aufgabe des Luftnachschubes. Gelegentlich ist zu beobachten, daß ein kräftigerer Höhenwind von oben hier tiefer ins Tal eingreift und den unteren Ast der Saaletalzirkulation bis auf 150, 100 oder noch weniger Meter (1. 10. 1945) zusammendrückt.

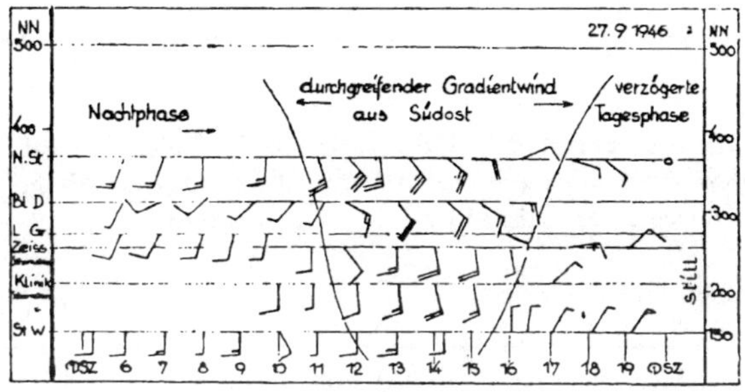

Abb. 2b

In Abb. 2b ist am 27. 9. 1946 ein instruktives Beispiel erfaßt, wo gerade zur Zeit der mittäglichen Flaute ein stärkerer Oberwind aus Südost bis ins Tal mit einer Stärke bis zu 30 kmh zum Talboden durchgreift. Erst nach dessen Abflauen konnte sich ab 16 Uhr zunächst im Tal, nach 17 Uhr auch auf den Höhen die normale Nordströmung zwar schwach, aber eindeutig durchsetzen. Trotz ihrer geringen Stärke besitzt die Saaletalströmung also die Beharrlichkeit größerer Kreislaufsysteme.

In den „Aerologischen Berichten" des Reichsamtes für Wetterdienst sind bei vorsichtiger Auswahl nur ganz schwachwindiger Schönwettertage in den Sommermonaten für Thüringen und Sachsen genügend Messungen zu finden. (Erfurt, Gotha, Weimar, Schwarza, Gera, Schkeuditz, Dresden, Plauen), die eindeutig die Ausgleichströmung sogar im tagesperiodischen Wechsel enthalten, so daß neben einer guten Darstellung der gesamten Kreislaufströmung auch klimatologische Mittelwertbildungen möglich sind. Bei Beschränkung auf nur wenige Beispiele und unter Verzicht auf die Wiedergabe vieler interessanter und aufschlußreicher Einzelfälle seien für Thüringen die Höhenwindmessungen an drei Tagen mit guter Ausgleichströmung bei jeweils verschiedenem Gradientwind angeführt:

Tabelle 5

9. 7. 1935	00	300	500	700	1000	1500	2000	3000	Wetter
Gotha 07	**180/4**	—	**190/7**	**255/7**	315/11	55/29	55/32	45/25	wolkenlos
Erfurt 08	00	**190/7**	**157/11**	.00	22/11	35/11	45/25	45/25	wolkenlos
Erfurt 14	00	**45/4**	**55/4**	**100/4**	157/4	112/7	100/14	67/22	heiter
Gera 16	00	280/4	**33/7**	348/2	10/7	10/7	67/17	90/11	wolkenlos

[4]) *H. Mrose:* Der Mühltalwind als Frischluftspender für das Jenaer Westviertel. Das Wetter *56*, 1939.

Der tageszeitliche Richtungswechsel der Strömung unterhalb 1000 m ist unverkennbar. Die freie Höhenströmung kommt hier aus NE bis Ost; trotzdem ist auch am Nachmittag eine deutliche Sprungschicht zwischen beiden vorhanden. In folgendem Beispiel ist die Thüringenzirkulation einer Westströmung untergeschoben, die als Schönwetterwind selten ist:

süddeutscher Stationen an Schönwettertagen ähnlich dem thüringischen und sächsischen Kreislaufsysteme aufweisen, die auf den Gegensatz Gebirge — Ebene zurückzuführen sind. Die Pilotvisierungen vom 17. 8. 1935 sind für 5 Meßstellen heranzuziehen. Hiervon hat Friedrichshafen oberhalb des Bodenseeeinflusses morgens Südost, vormittags und mittags anwachsend

Tabelle 6

19. 8. 1935	00	300	500	700	1000	1500	2000	3000	Wetter
Gotha 07	**247/4**	—	**235/4**	00	247/4	325/4	303/7	292/18	wolkenlos
Erfurt 08	**225/7**	**213/11**	**213/4**	**235/4**	315/4	280/7	303/11	303/18	heiter
Erfurt 14	**360/7**	**45/4**	**22/7**	360/4	270/4	270/14	270/14	315/22	heiter
Gera 16	00	**55/7**	**55/4**	123/4	123/7	112/7	—	—	heiter

Auch hier reicht der Südwest in Gotha höher hinauf (über 1000 m) als in Erfurt. Ein Tag mit schwachem nordwestlichen Höhenwind ist der folgende:

bis 1500 m NN herabgreifenden freien Höhenwind aus Südwest. München hat nach gebirgsabwärts gerichtetem Morgenwind ebenfalls bis zum Mittag an-

Tabelle 7

20. 8. 1935	00	300	500	700	1000	1500	2000	2500	3000	Wetter
Erfurt 08	**225/4**	**235/7**	**270 4**	00	00	348/14	303/14	360/11	348/14	heiter
Erfurt 14	**45/4**	**90/18**	**67/14**	**35/30**	**22/7**	00	**35/4**	**35/7**	325/7	heiter

Der Nordnordost in 2000 und 2500 m scheint für die Ausgleichströmung fast zu hoch zu sein. Einzelfälle von dieser Mächtigkeit sind jedoch denkbar, besonders bei solch eindeutiger Winddrehung nach Zeit und Höhe wie am 20. 8. Für die zahlreichen Fälle, in denen der Kreislauf einem süd- bis südwestlichen Höhenwind untergeschoben ist, sei auf die Messungen vom 23. 8. und 11. 9. 1935 für Erfurt und Gera verwiesen. Jedoch zeigen diese Fälle, daß häufig eine scharfe Trennung der zwei Systeme nicht möglich ist, wenn auffrischender Gradientwind nach unten durchgreift und die Grenzen verwischt.

Besser noch als von Erfurt lassen die Höhenwindmessungen von Dresden die Zirkulation des Mittelgebirgsvorlandes erkennen. Auch liegen für dieses in den „Aerologischen Berichten" mehr Terminaufstiege vor. Als Schulbeispiel seien der 2. 8. und 12. 9. 1935 genannt, auf deren Wiedergabe wegen Raummangel verzichtet werden muß. Halle — Leipzig, 70 km von den Mittelgebirgen entfernt, wird nur in den seltensten Fällen von der Ausgleichströmung des Erzgebirges erreicht. Als seltene wertvolle Beispiele können der 28. 8. 1933 und der 7. 9. 1934 gelten.

Der Beweis dafür, daß der Thüringer Wald als Gebirge zur Entstehung der Zirkulation den Anlaß gibt, wäre erst dann vollständig erbracht, wenn das Ab- bzw. Zuströmen auch in dem südlichen Vorland beobachtet werden könnte. Die den deutschen Mittelgebirgen zunächst gelegenen Pilotstationen Nürnberg und Würzburg sprechen wegen zu großer Entfernung nicht mehr an. Jedoch zeigt sich, daß eine Anzahl

gebirgswärts gerichteten Nordnordost, darüber Übergangsschichten zu dem sonst in ganz Süddeutschland steigenden, aufwärtsgerichteten Nordnordost. Es ist dies einer der wenigen Fälle, wo für München ein Wechsel der Windphase zu erkennen ist. Stuttgart dagegen spricht sehr häufig auf Zirkulationen an und zwar auf die der Rauhen Alb; nach Friedrichshafen hat es von allen angeführten süddeutschen Aufstiegstellen am häufigsten örtlichen Windeinfluß in den Höhenwindmessungen aufzuweisen. Der nächtliche Südsüdwest vom 17. 8. sinkt ab und wächst nach dem Kentern mit umgekehrter Richtung wieder an. Nürnberg und Würzburg weisen an diesem Tage keine besonders typischen Messungen auf. Ersteres behält an den meisten Schönwettertagen in den unteren Schichten Südwind. Es treten jedoch gelegentlich Fälle auf, wo sich am Nachmittag deutlich ein Nordost als Schönwetterwind unterschiebt (4. 9., 7. 9. 1934; 8. 8. 1935). Da München in all diesen Fällen nicht gleichsinnig anspricht, meist sogar indifferent bleibt, muß der Querriegel des Jura bei Dinkelsbühel, maximal 688 m NN, als zirkulationserzeugendes Zentrum für Nürnberg angenommen werden. Bei der Seltenheit und Schwäche des Systems erscheint dies durchaus plausibel. Jedenfalls ist es nicht der Thüringerwald oder das nähere Fichtelgebirge, auf den die Nürnberger Winde ansprechen, da diese schon über 100 km entfernt sind.

Stellt man nach der Häufigkeit von Ausgleichströmungen vier Gruppen auf und ordnet die Stationen nach der Entfernung vom Gebirge, so ergibt sich eine Beziehung über die Reichweite der mitteldeutschen Systeme:

Tabelle 8

Name:	Vorkommen:	nächstes Mittelgebirge	Entfernung davon
Gleiwitz	kein	Beskiden	80 km
Würzburg	kein	Rhön	75 km
Breslau	kein	Eulengebirge	70 km
Leipzig	selten	Erzgebirge	70 km
Nürnberg	selten	Jura	50 km
Gera	häufig	Erzgebirge	45 km
Erfurt	häufig	Thüringer Wald	35 km
Jena	sehr häufig	Ostthür. Schiefergebirge	35 km
Dresden	sehr häufig	Östliches Erzgebirge	25 km
Gotha	sehr häufig	Thüringer Wald	25 km
Stuttgart	sehr häufig	Rauhe Alb	25 km

Mit 50 bis 70 km Gebirgsentfernung scheinen hiernach die Ausgleichwinde erschöpft zu sein. Da es jedoch ungenaue Terminmessungen sind, würden genaue Boden- und Höhenwindbeobachtungen eine noch größere Reichweite ergeben. Daß Nürnberg verhältnismäßig selten anspricht, hat seinen Grund in der geringen Meereshöhe und Flächenausdehnung der umliegenden in Frage kommenden Höhenzüge. Jena wiederum ist infolge des Saaletales gegenüber gleich weit entfernten anderen Orten in der Frequenz besonders begünstigt. Das Optimum der Entwicklung liegt offenbar zwischen 20 und 40 km, da bei größerer Gebirgsnähe die gebirgs e i g e n e n Berg- und Talwinde an Einfluß gewinnen. (Frankfurt/M.).

Zum Zwecke einer übersichtlichen Darstellung des vertikalen Kreislaufschemas wurden noch aus den „Aerologischen Berichten" 1930—1935 die besten Pilotaufstiege zu Mittelwerten für Früh- und Nachmittagsaufstiege zusammengefaßt:

Der Nachtwind von Dresden dreht wegen der westsüdwestlichen Streichrichtung des Erzgebirges gegenüber den beiden Thüringer Stationen mehr nach Süd-süd o s t e n, der Tageswind um einen geringeren Betrag nach N o r d nordosten ab. Kommen in Gotha und Erfurt die Morgenwinde aus Südsüdwest, so wehen die Nachmittagswinde nicht genau aus entgegengesetzter Richtung, sondern aus Nordost, also um 23 Grad nach rechts verschoben. In diesem Effekt und der allgemeinen Rechtsdrehung der Tagwinde mit der Höhe drückt sich für diese im totalen Gegensatz zur Linksdrehung der Nachtwinde die verstärkte Corioliskraft der Erdrotation aus.

In der Wind g e s c h w i n d i g k e i t erweist sich die Tagesphase im Vorteil. Die Druckgegensätze zwischen den winderzeugenden Räumen aller örtlicher Zirkulationssysteme sind im Sommer am Tage größer als nachts; im Winter ist, da der Tagesbogen der Sonne kürzer ist, das Gegenteil der Fall, so daß dann die nächtlichen Strömungen die stärkeren sind. Im Sommer überwiegen also, wie bekannt ist, grundsätzlich die Tag-, im Winter die Nachtwinde der Lokalzirkulationen. Es muß aber hier erwähnt werden, daß die Unterschiede Tag — Nacht an sich noch größer sind, als aus der Tabelle hervorgeht. Denn die Frühaufstiege erfassen gerade den Höchststand der nächtlichen Phase; während es sich bei den Tagesaufstiegen von Erfurt und Dresden um Messungen von 14 bis 16 Uhr handelt, jedoch das Stärkemaximum des Tages erst gegen 16 bis 17 Uhr erreicht wird.

Da der Nachtwind ein stabiler Kaltluftstrom, der Tageswind aber eine konvektiv durchmischte, labile und in den untersten Schichten ständig überhitzte Strömung ist, liegt das Maximum der Geschwindigkeit beim Tageswind meist um eine Höhenstufe (200 m) höher als nachts. Beide Phasen sind sich jedoch wieder in der Abnahme der obersten Schichten gleich.

Tabelle 9

Ort	Anzahl	Mittl. Windrichtung in Grad					Mittl. Windgeschwindigkeit in kmh				
		00	300	500	700	1000 NN	00	300	500	700	1000 NN
		F r ü h a u f s t i e g e									
Dresden	20	165	163	160	160	–	4,3	8,0	**8,5**	6,5	–
Gera	5	110	150	180	200	–	1,8	5,4	**7,2**	6,5	–
Gotha	5	213	–	183	171	–	3,6	–	**5,1**	4,7	3,6
Erfurt	12	204	202	190	182	180	1,8	4,0	**8,4**	8,0	7,4
		T a g e s a u f s t i e g e									
Dresden	14	13	25	29	38	40	6,0	7,2	8,5	**9,0**	8,0
Gera	5	49	46	43	42	40	5,8	8,5	**10,0**	9,0	7,0
Weimar	5	65	35	23	–	–	3,6	7,2	**10,0**	–	–
Erfurt	12	26	32	47	54	60	6,8	9,0	10,4	**11,6**	10,8

In der Wind r i c h t u n g haben beim gebirgsabwärts gerichteten Morgenwind außer Gera alle Stationen die Neigung, nach links zurückzudrehen, beim gebirgsauflandigen Nordostwind des Nachmittags jedoch, nach rechts zu drehen. Der Grund mag darin liegen, daß die nächtliche Strömung in ihrer Eigenschaft als Kaltluftfluß den Schwerpunkt in den untersten Schichten oberhalb der Bodenreibungszone aufweist und dadurch vielleicht nach oben hin eine Abnahme der rechtsablenkenden Kraft und eine Zunahme der Reibung eintritt.

Theoretisch muß über jede Zirkulation eine „neutrale Schicht" mit Windstille liegen, oberhalb deren der Windvektor in umgekehrter Richtung wieder zunimmt. Da jedoch in den meisten Fällen der freie Gradientwind die Rolle der Kompensationsströmung übernimmt und diese auslöscht, ist das Geschwindigkeitsminimum an der Obergrenze oft stark verwischt. Im Gegensatz zu den i n n e r h a l b der Gebirge entstehenden bekannten Talwinden, deren höchste Geschwindigkeiten in 200 bis 400 m über der Talsohle liegen, muß ohnehin bei Ausgleichströmungen zwischen

Hochebene und Niederung das Geschwindigkeitsmaximum höher liegen. Für die deutschen Mittelgebirge sind die Schichten von 500 bis 800 m NN also durchaus plausibel.

In Jena, wo die thüringische Ausgleichsströmung am leichtesten zu beobachten ist, tritt bei der Nachtphase eine interessante Konvergenz mit den seitlich einfließenden, schwächeren Seitentalwinden ein. Von Westen her münden in das breite Hapttal der Saale scharf eingeschnittene, enge, meist bewaldete, kurvenreiche V-Täler, von Osten, meist paarig gegenüberstehend, breite, offene, unbewaldete Täler. An den Stellen, wo sie auf das Haupttal treffen, stößt der Seitentalwind in den von Süden nach Norden wehenden Saaletalwind seitlich hinein. Besonders bei dem kräftigsten dieser Systeme, dem 10 bis 20 kmh starken Mühltalwind, ist die Konvergenz beider Strömungen besonders gut zu erkennen. Aus dem Mühltal kommt die Strömung mit Westnordwestrichtung, dreht im Westviertel auf westliche, in der Innenstadt auf südwestliche Richtung; der Saaletalwind wird also an dieser Stelle des Zusammenflusses von Süd auf Südwest umgelenkt. Diese Zone des Südwestwindes greift über die Saale ostwärts über und sogar bis an die Einmündung der östlichen Seitentäler heran. Auch ohne das Vorhandensein des Saaletalsystems würde sich die Calmenzone über die Saale verlagern, da der Mühltalwind über die Stadt hinwegbläst. Dieser Effekt ist in der ersten Nachthälfte zu beobachten, da die Seitentalwinde um zwischen den West- und Osttälerwinden weit ostwärts diese Zeit schon ausgebildet sind, der Saaletalwind aber erst im Entstehen begriffen ist.

Die kartenmäßige Darstellung aller Bodenwinde in Strahlungsnächten bei Jena zeigt Abb. 3. Hinsichtlich Richtung und Stärke gleichen sich alle sonst windstillen Nächte ziemlich genau. Fast allerorts folgen die Winde den Tälern abwärts. Am kräftigsten ist der Saaletalwind, von den Seitentälern der Mühltal-, danach der Rautalwind. Die östlichen Systeme sind nicht viel mehr als gute Talsohlen- und Hangabwinde. Talaufwärts nehmen die Stärken ab, mit Annäherung an die Hochfläche finden sich nur noch schwächste Hang- und Waldwinde. Die Bergstationen ostwärts und nördlich der Stadt lassen einen gewissen Düseneffekt erkennen. Dieser läßt jedoch mit größerer Entfernung von der Saale, also weiter in die hügeligen Hochflächen hinein, nach. Die Beobachtungen in den Dörfern der Höhe wie Bucha und Isserstedt ergeben meist Windstille.

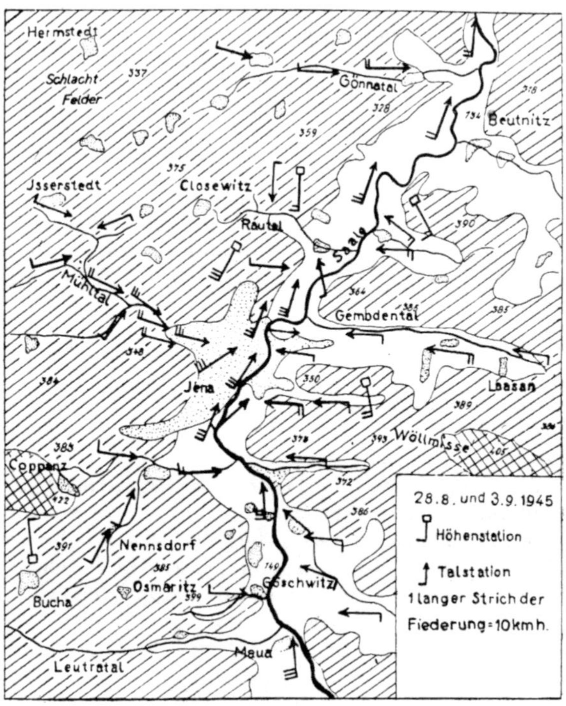

Abb. 3

Ein Vertikalschnitt durch die Kreislaufströmung bei Jena ist in Abb. 4 wiedergegeben. Dabei wurden in das Vertikalprofil in der Zone der Südwestwinde Horizontalprojektionen eingezeichnet. Da diese keinesfalls als schräge Aufwärtsströme angesehen werden dürfen, sind die Grundstriche der Pfeile verdoppelt.

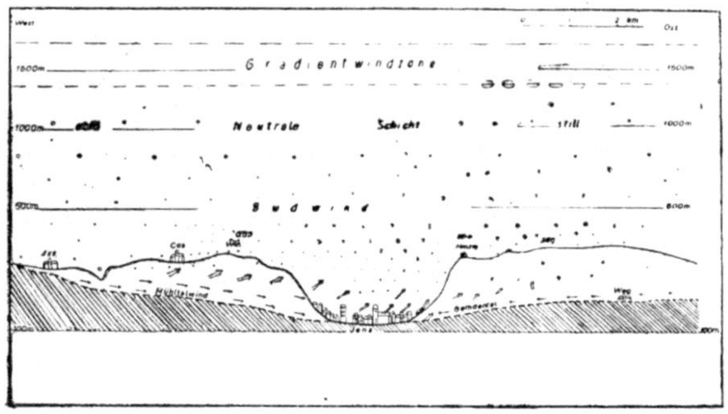

Abb. 4: Vertikalschnitt durch die Kreislaufströmung bei Jena

Für die Nachtphase ergibt sich im West—Ostprofil folgendes Bild: In den westlichen Seitentälern ist der Talquerschnitt bis zur Hangkante mit dem ostwärts ausfließenden Bergwind erfüllt. Die obere Kompensationsströmung fehlt. Über einer Zone geringer Luftbewegung findet sich der Südwind der Thüringer Ausgleichsströmung. Im Saaletal, also im Stadtgebiet, zeigt sich von West nach Ost am Boden der Übergang von West- über Südwest- zu Südwind infolge des Zusammenflusses von Seitental- und Haupttalsystemen. Im Westteil des Saaletales findet auch mit der Höhe Drehung auf Süd statt, im Ostteil herrscht nur noch in 20 m flacher Schicht Südwest (auskeilender Mühltalwind), darüber einheitlich Südwind. Im rechten Seitental der Saale lagert am Westausgang über dem Talsohlenabwind aus Ost die Südweststrómung des Saaletalwindes, die rasch auf Süd eindreht. Weiter talaufwärts liegt über dem vertikal nicht sehr mächtigen, da schwächeren Ostwind eine Zone geringer Windgeschwindigkeit oder Windstille (eine Kehrströmung ist nicht vorhanden), darüber wiederum Südwind. Nach Wolkenzugsbeobachtungen und Thüringer Höhenwindmessungen ist die Obergrenze der Südströmung ab 600 bis 800 m, in besonders günstigen Fällen oberhalb 1000 m zu erwarten.

Am Tage erfährt, wie oben beschrieben, nur die Saaletalzirkulation eine Umkehr, die Berg- und Talsohlenabwinde der Seitentäler nicht. Obwohl alle Voraussetzungen erfüllt wären, sind Talaufwinde nicht vorhanden, nur gegebenenfalls örtlich eng begrenzte Hangaufwinde. Hier konnten an windstillen Schönwettertagen nur jeweils ab Mittag von oben her mit zunehmender thermischer Turbulenz herabgreifende Gradientwinde oder meist die südwärts gerichtete Ausgleichströmung festgestellt werden. Die nächtlichen Seitentalabwinde, sind auch im Winter bei Strahlungswetter sehr gut erkennbar, möglicherweise, da es sich um Ausstrahlungs- und Kaltluftvorgänge handelt, noch besser als im Sommer. Auch ihr Zusammentreffen mit der Saaletalströmung und die sonstigen Erscheinungen entsprechen ganz und gar den sommerlichen Verhältnissen.

Über die thermischen Störungen der nächtlichen Seitentalwinde im Thermogramm ist schon früher berichtet worden[6]). Neue Messungen auf einem vorgelagerten Bergkegel des nördlich von Jena einmündenden Rautales konnten den Beweis erbringen, daß die Seitentalwinde nicht nur seichte Hangab-, sondern vollkommene Bergwindsysteme sind, die ihr Geschwindigkeitsmaximum in halber Höhe der Talwände und im Niveau der Hochflächenkanten oft sogar eine Rückkehrströmung aufweisen. Hierüber wird an anderer Stelle zu berichten sein.

Anhang

In einer dem Verfasser erst nach Abschluß des Manuskripts bekannt gewordenen Arbeit weist E. Rüdiger*) an Hand der Höhenwindmessungen von Köln und Lindenberg einen großräumigen, bis 3 km hinaufreichenden tagesperiodischen Luftaustausch Kontinent-Meer nach, der unserer Ausgleichströmung sehr ähnlich ist. Mehrere Erscheinungsformen des thüringischen Ausgleichsystems sprechen dafür, daß diese an Schönwettertagen direkt zu beobachtende Strömung jenem großräumigeren Kreislaufsystem unterhalb 1000 m gewissermaßen noch untergeschoben ist:

1. Die Beschleunigung im Saaletal und die geringe Mächtigkeit im Winter lassen den Schwerpunkt in den untersten Schichten erkenen;

2. die Umkehrschicht findet sich genau in Höhe der Mittelgebirge;

3. die Beobachtungen von Sonneberg belegen ein jeweils genau entgegengesetztes System südlich des Thüringer Waldes;

4. die Ausgleichströmung verliert nach Norden sehr an Stärke und erlischt in der Höhe von Leipzig vollkommen;

5. die lokalen Systeme lassen sich für einige andere, auch süddeutsche, Mittelgebirge nachweisen.

Daraus ist zu folgern, daß die Anwesenheit der mitteldeutschen Gebirge notwendig und für die örtliche Gestaltung über Thüringen sehr ausschlaggebend ist. Eine bessere Unterscheidung von dem Ausgleichsystem nach Rüdiger würde vielleicht durch Verwendung des Ausdruckes „großräumiger Gebirgshangwind“ anstatt „Thüringer Ausgleichströmung“ ermöglicht.

[6]) *H. G. Koch:* Die Saaletalnebel bei Jena. Met. Zeitsch. *52,* 10, 1935.

*) *E. Rüdiger:* Der tägliche Windgang über Köln bis 3000 m. Met. Ztschrift 57, Heft 8, S. 293, 1940.

Beispiel einer extremen Strahlungskälte

Von **Walter Lammert**, Einbeck/Hann.

Ein Beispiel ungewöhnlich starker Strahlungskälte regionaler Form wurde am 3. zum 4. März 1947 in Einbeck, Prov. Hannover, im Raum der Leine-Niederung über deren Wiesen- und Feldgelände beobachtet. Gleichzeitig ergab sich Gelegenheit, die Paralleltemperaturen am Stadtrand von Einbeck und im Stadtinnern zu messen, wobei sich erwies, in welch großem Ausmaß bei Strahlungskälte der Stadtkern die Wärme hält, während am Stadtrand und im freien Gelände die Strahlung ungehemmt vor sich gehen kann. An diesem Beispiel ergibt sich auch wieder, welch vorsichtige Maßstäbe angelegt werden müssen, wenn es sich um gegen Kahlfrost empfindliche Wintersaaten oder um Obstkulturen handelt, die im freien, für die Bildung von Schwerpunkten der Ausstrahlung anfälligen Gelände sich befinden.

Die Wetterlage des 3. März 1947 war durch ein schmales Zwischenhoch gekennzeichnet, das der Rückseite eines starke Schneefälle auslösenden Tiefs der IV b-Zugbahn folgte. Die Schneehöhe betrug über 65 cm, von denen etwa 15 cm als 24 Stunden alter Neuschnee gelten mußten, der allerdings in der Mittagszeit etwas getaut und später an der Oberfläche vereist war und daher nicht mehr den Charakter frischgefallenen, lockeren Schnees aufwies. Die Voraussetzungen besonders starker Strahlung und zugleich sehr schlechter Wärmeleitung waren also seitens der Schneedecke nicht mehr gegeben.

Am Nachmittag des 3. März wurde der Himmel wolkenlos bei außerordentlich guter vertikaler und horizontaler Sicht (letztere etwa 50 km). Der in den ersten Nachmittagsstunden auf SSE gedrehte und bis 2 auffrischende Bodenwind verlosch gegen 16 Uhr völlig, doch ließ der seit Mittag um 3 mb gesunkene Luftdruck erkennen, daß bereits die Vorderseite einer neuen Störung aus der Zugbahn IV b das Strömungsfeld zu erfassen begann und auf den umliegenden Höhen auch nachts über stehen blieb, während in der Niederung, wie gesagt, völlige Windstille eintrat.

Es gelang, in provisorischer Form in dieser Nacht an vier verschiedenen Stellen auf einem Durchmesser von etwa 1000 Meter alle zwei Stunden Temperaturmessungen vorzunehmen. Der erste Beobachtungspunkt befand sich unweit des vereisten Leineflusses auf einer Wiese, etwa 800 Meter vom Mittelpunkt der Stadt entfernt, die Niederung hat einen Gesamtdurchmesser von etwa 8 km. Ein Thermometer war in 10 cm Höhe über dem Erdboden, ein zweites in 2 m Höhe angebracht. Der zweite Beobachtungspunkt lag in einem offenen Garten einer Straße am Stadtrand, etwa 400 Meter von dem ersten Beobachtungsplatz entfernt und 400 Meter außerhalb des Stadtkerns. Das Thermometer war in 2 Meter Höhe angebracht. Die dritte Beobachtungsstelle befand sich im Mittelpunkt der Stadt (Durchmesser des Stadtkerns innerhalb der Wälle etwa 600 Meter) auf einem freien Hof in 2 Meter Höhe. Der Stadtkern gehört noch zur Leineniederung, liegt aber 5 bis 8 Meter höher als der zuerst erwähnte Beobachtungsplatz auf der Wiese. Auf der unten folgenden Tabelle sind die Temperaturen, auf halbe Grade abgerundet, registriert, die während des Experiments von 15 Uhr am 3. März bis 9 Uhr am 4. März alle zwei Stunden an den erwähnten Beobachtungsstellen und in den verschiedenen Meßhöhen abgelesen wurden. Es sei in diesem Zusammenhang noch bemerkt, daß Verfasser bei früheren zufälligen Beobachtungen schon wiederholt auffallend hohe Strahlungswerte, auch während des Sommerhalbjahres, in diesem Gebiet festgestellt und angesichts der besonders günstigen meteorologischen Verhältnisse des Winters 1946/47 die Vorbereitungen zur Fixierung eines akuten Falles getroffen hatte.

Beobachtungszeit:

3. zum 4. März 1947, 15 Uhr bis 9 Uhr MEZ

	Leinewiese 10 cm Höhe	Leinewiese 2 m Höhe	Stadtrandstr. 2 m Höhe	Stadtkern 2 m Höhe
15 Uhr:	— 1,5	+ 1,0	+ 1,5	+ 2,5
17 Uhr:	— 5,5	— 2,0	— 1,5	— 0,0
19 Uhr:	— 12,0	— 8,5	— 6,0	— 3,0
21 Uhr:	— 18,5	— 14,0	— 12,0	— 7,0
23 Uhr:	— 21,5	— 18,0	— 15,5	— 11,0
1 Uhr:	— 24,0	— 21,5	— 18,5	— 13,5
3 Uhr:	— 27,5	— 23,5	— 21,5	— 14,5
5 Uhr:	— 23,0	— 22,0	— 21,0	— 14,0
7 Uhr:	— 17,0	— 16,5	— 15,5	— 13,0
9 Uhr:	— 12,5	— 12,0	— 11,5	— 9,5

Stillstand und Wendepunkt in der Strahlung erfolgte gegen 4 Uhr morgens mit Aufkommen von SE, Stärke 2, und einer schlagartig sich bildenden, etwa 200 Meter hoch reichenden Nebeldecke, die zu starkem Rauhreif führte. Erst gegen 8 Uhr morgens erwies sich der SE stark genug, die am Erdboden lagernde schwere kalte Luft wegzuräumen, und durch die Luftmasse der umliegenden Höhen zu ersetzen. Beachtenswert war, daß im Stadtkern die Erwärmung wesentlich langsamer vor sich ging; zwischen 3 und 5 Uhr morgens hatte man den Eindruck, daß die Temperatur im Stadtkern durch die Heranführung der extrem kalten Luftmassen des Stadtrands und der Niederung durch den aufkommenden SE zunächst noch etwas sank, während im freien Gelände bereits der Anstieg im Gange war. Erst gegen 11 Uhr war das Temperaturverhältnis zwischen freiem Gelände und Stadtinnern ungefähr ausgeglichen.

Zusammenfassung: Es wird der Temperaturunterschied zwischen dem Kern einer Kleinstadt, dem Stadtrand und der Niederung außerhalb der Stadt in einer klaren Winternacht geschildert. In 2 m Höhe ging der Unterschied zwischen Stadt und Land bis zu 9°, 10 cm über dem Boden der Niederung war es etwa 4° kälter als in 2 m Höhe.

Anschrift des Verfassers: (20 b) Einbeck, Bismarckstr. 21.

Meteorologische und geophysikalische Sonderberichte

Synoptischer Bericht über die Monate September-November 1946

(Herausgegeben vom Meteorologischen Zentralobservatorium Potsdam, Abt. Wetterdienst.)

Die schon den ganzen August über in Mitteleuropa herrschende wechselhafte Witterung hielt bei südwestlicher bis westlicher Höhenströmung noch bis gegen Ende des ersten Monats des meteorologischen Herbstes an.

Zu Beginn des September lag im Bereich der britischen Inseln eine auffüllende Depression. Um das darüber gelegene Höhentief war eine kräftige Südsüdweströmung ausgebildet. Mit dieser verlagerte sich eine am 1. 9. über Mittelfrankreich gelegene Reststörung rasch über Südwestdeutschland nach Mecklenburg und von dort bis zum 3. 9. weiter an die finnische Küste. Während Deutschland am 3. 9. unter Zwischenhocheinfluß stand, drang ein neues Sturmtief vom Atlantik her bis in die Südirische See vor. Es übernahm die Rolle des Steuerungszentrums und verlagerte sich unter gleichzeitiger Auffüllung bis zum 7. 9. nach Nordirland. Im Bereich der auf seiner Vorderseite angesaugten Warmluft wurden am 4. 9. in Potsdam als höchste Temperatur des Monats fast 25° gemessen. Die Okklusionsfront des Sturmtiefs überquerte unter Gewittertätigkeit am Abend des gleichen Tages die Elbe und zog bis in die mittlere Ostsee weiter. An der nur bis in die Breitenlage der Alpen vorgedrungenen Kaltluftmassengrenze bildete sich in der Nacht zum 5. 9. über Frankreich eine Wellenstörung, die sich mit 50 km/h nach Nordosten verschob, am Morgen des 6. 9. Südschweden erreichte und am folgenden Tage bereits über dem Weißen Meer angelangt war. Eingelagert in der kühlen Meeresluft überquerte eine Gewitterfront in der Nacht zum 7. 9. Norddeutschland. Dem mit seinem Kern über dem Böhmerwald gelegenen Zwischenhoch folgte am nächsten Tage vom Ärmelkanal her eine weitere flache Störung, die am 10. 9. Mittelskandinavien erreichte. Innerhalb der in zwei Staffeln einfließenden Rückseitenkaltluft ließ die Schauertätigkeit mit vereinzelt auftretenden Gewittern bei zunehmendem Hochdruckeinfluß infolge Ausbildung eines Hochkernes von 1025 mb über Frankreich rasch nach.

Während die Kaltluft am 10. und 11. 9. weiter in den russischen Raum vordrang, zog ein Tief als erstes Glied der nun neu anlaufenden Zyklonenserie mit der jetzt westlich bis westnordwestlichen Höhenströmung über England, die Nordsee — wobei dort am 11. 9. der Wind bis zu Sturmesstärke auffrischte — und Dänemark bis ins Baltikum. Dabei traten in der zyklonalen Strömung auch nicht frontgebundene Niederschläge auf. Starkes Absinken in dem sich bis Jan Mayen nach Norden ausdehnenden Zwischenhochkeil führte dagegen zur Stabilisierung der Rückseitenluft. Das Erscheinen einer zweiten, am 13. 9. bei Schottland gelegenen Zyklone verhinderte das Eindringen der Kaltluft in den Mittelmeerraum und bewirkte, daß das Seegebiet südwestlich Irland im Bereich der TW blieb, während hochreichende, von Westen her folgende Kaltluftadvektion zu einer starken Verschärfung der Temperaturgegensätze führte. In der Höhenströmung bildete sich dabei eine ausgeprägte Richtungsdivergenz aus. Dadurch gewann das Bodentief beträchtlich an Energie. Das zu der Sturmzyklone gehörende Frontensystem überquerte in der Nacht zum 14. 9. Deutschland, während der Tiefkern ins Nordmeer zog und so eine nördlichere Bahn als die vorhergegangene Zyklone einschlug. Der bis zu den Azoren führende Vorstoß der Rückseitenkaltluft durchstieß den subtropischen Hochdruckgürtel. Die damit abgeschnürte Hochzelle wanderte über Frankreich am 13. 9. nach Mitteleuropa. Durch die Advektion von TW-Massen um das Roßbreitenhoch wurde die atlantische Westströmung stark belebt. So wurden an der Südseite des umfangreichen Zentraltiefs über dem Nordatlantik am 19. 9. über England und Schleswig-Holstein in 5000 m Höhenwinde aus West mit 140 km/h gemessen. Das Frontensystem der nächsten mit der Westdrift ziehenden Zyklone lag, verbunden mit einem dreistündigen Bodendruckfall von 11 mb, am 15. 9. über Südnorwegen. Bei geringerem Druckfall über Belgien, Holland und Nordwestdeutschland rief die starke Gradientverschärfung über der Nordsee Sturmesstärken des Windes hervor. Infolge ihrer hohen Strömungsgeschwindigkeit (über Nordwestdeutschland betrug die Zuggeschwindigkeit des Sturmwirbels 85 km/h) gelangte die Rückseitenkaltluft bis zum Morgen des 16. 9. bereits in den mittelrussischen Raum. In dieser serienabschließenden Kaltluftmasse — in der im Nordteil des ostelbischen Gebietes die tiefsten Temperaturwerte des Monats gemessen wurden — kam es bei kräftigem gleichzeitigem Druckanstieg (über dem Skagerrak 23 mb innerhalb von 24 Stunden) infolge Absinkens zu keinen labilen Umlagerungen.

Die Ausbildung eines eigenen Höhentiefs über der isländischen Zentralzyklone bewirkte ein Drehen der Höhenströmung von West auf Südwest. Infolge der somit verringerten Ostkomponente in der Verlagerungsgeschwindigkeit kam als erstes Störungsglied einer neuen Zyklonenfamilie eine Okklusion nur langsam voran und überschritt in den späten Abendstunden des 17. 9. die Elbe. Ein nachfolgendes Sturmtief zog nach Überquerung des Atlantik am 18. 9. über England und am nächsten Tage über den Kattegatt nach Nordosten. Die kräftige Höhenströmung führte den maritimen Kaltluftschwall weit nach Rußland hinein, wo er am 21. 9. den Ural erreichte. Am Morgen des 20. 9. lag bereits ein neuer Sturmwirbel mit weit geöffnetem Warmsektor über der Südirischen See. Die Temperaturunterschiede waren dabei außerordentlich groß. Während innerhalb der Warmluft in Paris 18° gemessen wurden, waren es präfrontal in Westdeutschland und den Niederlanden nur 10 bis 11°. Starke Ausprägung der Druckfall- und -steiggebiete (in drei Stunden fallend 7 mb und steigend 14 mb) führte zu erheblicher Gradientverschärfung und somit — wie auch am 19. 9. — zu vollem Sturm in den deutschen Seegebieten. Unter Auslösung ergiebiger Aufgleitregen lag die Sturmzyklone am 21. 9. über Südschweden, von der in zwei Staffeln einbrechenden Meereskaltluft gefolgt. Die Bildung eines sehr ausgeprägten Höhentroges führte an der zyklonalen Umbiegungsstelle zu außergewöhnlich starkem Ansteigen des Bodendruckes. Unter einem 24stündigen Druckanstieg von 35 mb löste sich vom Azorenhoch eine Hochzelle ab, die, von Spanien ostwärts wandernd, am 22. 9. mit 1030 mb über Süddeutschland lag.

Während im Innern Mitteleuropas unter dem Einfluß dieses Hochdruckgebietes herbstlich-schönes Wetter herrschte, wurde der Küstenbereich von schwach ausgebildeten Störungsfronten gestreift, die um das für die Jahreszeit sehr kräftig ausgeprägte Islandtief (Kerndruck 962 mb, Höhe der absoluten Topographie der 500 mb-Fläche 4920 gdm) nach Nordosten schwenkten. Die Kaltluftmassengrenze kam am 23./24. 9. im Bereich der Mittelgebirge ins Schleifen und wurde quasistationär. Weiter anhaltender Druckanstieg über Mitteleuropa führte am 26. 9. zu einer Verstärkung des mit dem Schwerpunkt über Südpolen gelegenen Hochs, und damit zum Aufbau der Altweibersommerlage, die aber mit der ihr typischen Form der Druckverteilung nur sehr kurzfristig andauerte. Auch in der Höhenkarte bewirkte jetzt ein mächtiger Vorstoß der TW die Ausbildung eines Hochkeiles. Weiterer Druckanstieg über Mitteleuropa verband am 27. 9. das mitteleuropäische Hoch mit dem nordrussischen, wobei allerdings der thermische Aufbau, TW über Mitteleuropa, cAK über Nordrußland, grundlegend verschieden war. Die atlantische Kaltluft wurde von der über dem Kontinent lagernden TW durch eine stark ausgeprägte Frontalzone abgegrenzt. Diese verlief in einer sich von Madeira über Irland nach Spitzbergen erstreckenden Tieffurche, die erst nach der Nordostverlagerung des aus einer Sturmzyklone neugebildeten Islandtiefes zur Auffüllung gelangte. An der Westseite des von Nordrußland nach Mitteleuropa reichenden Hochkeiles stiegen die Temperaturen in der Ostzone teilweise auf über 25°, während es am 28. und 29. 9. zur Ausbildung eines ausgedehnten Nebelgebietes über dem ganzen westlichen Mitteleuropa kam.

Ein am 28. 9. vor Westportugal gelegenes Tief verstärkte bei seiner Verlagerung nach Norden den Strom der TW und führte so zu einem Vorstoß des Höhenkeiles über Mitteleuropa bis nach Island. Diesen Hochkeil flankierten in der Höhen- wie in der Bodenkarte zwei Tiefdruckfurchen, deren Tiefkerne im Westen über der Biskaya und im Osten über Mittelrußland lagen. Druckanstieg zwischen Südnorwegen und Island ließ ein abgeschlossenes Hoch entstehen. Diese Hochzelle über dem Nordmeer wurde am 30. 9. zum Steuerungszentrum, als das Vordringen kalter Luftmassen von Südwesten und Osten die weit nach Norden vorgestoßene TW abschnürte.

Die Achse der nun einsetzenden meridionalen Zirkulation wurde durch die vom Nordmeer über Mitteleuropa bis nach Lybien sich erstreckende Hochdruckbrücke gebildet, an deren Ostflanke der erste kräftige polare Kaltluftausbruch des Herbstes erfolgte. Am 1. 10. lagen die Temperaturen über Nordskandinavien trotz bedeckten Himmels unter 0°, in Nordrußland nur wenig darüber. In Nordostdeutschland rief die vorderste Staffel der über Schweden und die Ostsee südwärts bis in die ungarische Tiefebene fließenden Kaltluft die ersten vereinzelten Bodenfröste hervor. Auch in der relativen Topographie prägte sich der Kaltluftausbruch durch eine Kaltluftzunge vom Barentsmeer bis nach Südrußland aus. Da an der Westflanke der Hochdruckzone gleichzeitig Warmluft nach Norden transportiert wurde, blieben in Westdeutschland die Tiefsttemperaturen über 10°. Während sich das Hochzentrum südostwärts nach Schweden verlagerte, kam es über Westrußland zur Ausbildung einer Zyklone, die den südwärts gerichteten Kaltlufstrom weiterhin aufrechterhielt. So traten am Morgen des 3. 11. hinter einer zweiten Kaltluftstaffel im Ostteil der Mark Brandenburg an einigen Orten die ersten Nachtfröste auf.

Die für Ostdeutschland frostbringende Wetterlage wurde beendet durch eine Belebung der atlantischen Störungstätigkeit. Starker Druckfall (am 3. 10. innerhalb von 24 Stunden über Island um 35 mb), bewirkte ein Abwandern des Hochdruckgebietes in den mittelrussischen Raum. Gleichzeitig stießen mit der aufkommenden Westdrift maritime Luftmassen von den britischen Inseln her nach Osten vor. Mehrere Störungslinien drangen unter sehr ergiebigen präfrontalen Niederschlägen in den Raum zwischen Oder und Weichsel vor und beendeten somit endgültig das — abgesehen vom Auftreten örtlicher Boden- und Hochnebelfelder — heitere spätsommerliche Wetter. Das als Steuerungszentrum wirkende, von Island ins Nordmeer gezogene Tief sorgte für laufende Zufuhr maritimer Kaltluft aus Nordwesten. Dies begünstigte im Laufe des 5. 10. die Entstehung einer Skagerrakzyklone. Am Morgen des folgenden Tages lag das Sturmtief, auf dessen Rückseite der Wind Stärke 8 erreichte, mit einem Kerndruck von 990 mb vor der Odermündung. Von dort verlagerte es sich dann unter schnellem Auffüllen weiter südostwärts und erreichte am 10. 10. die Krim.

Unterdessen führte starker Druckanstieg über Nordeuropa zum Aufbau einer Antizyklone, deren am 7. 10. über Südskandinavien gelegener Kern sich bis zum 9. 10. auf 1041 mb verstärkte und sich dann anschließend westwärts in das Seegebiet zwischen Island und Schottland verschob. Die an seiner Südostseite nach Westen fließende Festlandskaltluft führte in Deutschland zu leichten Frösten und verbreiteter Nebelbildung. Ein ausgedehntes und mit seinem Kerndruck von 990 mb verhältnismäßig kräftiges Tiefdrucksystem bei den Azoren verfrachtete an seiner Vorderseite laufend mTW nordwärts. Dies führte zu einer Stabilisierung des Steuerungszentrums. Durch das Zusammentreffen der an der Nordflanke des Hochs herumgeführten Warmluft mit der AK des Nordmeeres wurde eine Frontalzone ausgebildet. An ihr zogen von Jan Mayen über Fennoskandinavien immer neue Störungen in den russischen Raum. Anfänglich strömte der Hauptstrom der AK, angesogen von einem kräftigen Tief westlich des Urals, nach Rußland. Bei langsamem Übergreifen der Störungen nach Westen erreichte die Rückseitenkaltluft des dritten Gliedes der Zyklonenserie nach Überfluten Deutschlands am 16.10. die Alpen, während der nachfolgende, serienabschließende Kaltluftschwall am 17. 10. nur bis zu den deutschen Mittelgebirgen gelangte. Entsprechend den hinter den einzelnen Störungen folgenden Zwischenhochkeilen dehnte sich das steuernde Hoch zeitweilig bis nach Südgrönland, Nordskandinavien, Finnland und dem Baltikum aus.

Zu gleicher Zeit mit einem auch in der Höhenkarte gut ausgeprägten Vorstoß nordafrikanischer Warmluft nach Westeuropa baute sich in der mittlerweile über Südosteuropa angelangten Kaltluft am 17. 10. über Ungarn eine Hochzelle auf, die durch eine Brücke mit dem jetzt an die westenglische Küste gewanderten Hoch verbunden war. Der Schwerpunkt des hohen Druckes verlagerte sich in den folgenden Tagen nach Südosteuropa, da ein von der Biskaya nordostwärts vordringendes Sturmtief am 19. 10. südwestlich Irland angelangt, den hohen Druck von Westen her abbaute. Während das Tiefdruckgebiet sich über der Südirischen See rasch auffüllte, überquerte sein abgeschwächtes Frontensystem Deutschland.

Unterdessen hielt aber an der Arktikfront der vorübergehend unterbrochene Kaltlufttransport in den russischen Raum durch mehrere vom Nordmeer über Finnland nach Mittelrußland ziehende Zyklonen an. Bei Westverschiebung ihrer Zugbahn wurde am 23. 10. durch das Südwärtsfließen eines kräftigen Schwalles mAK aus dem skandinavischen Raum über die Ostsee bis zu den Alpen die Warmluftzufuhr aus Südwesten nach Mitteleuropa unterbrochen und eine bis zum 27. 10. anhaltende neue Frostlage eingeleitet. Mit der Arktikluft verlagerte sich ein Hochkern von der Ostgrönlandsee nach Nordnorwegen, wo er am 22. 10. einen Kerndruck von 1032 mb aufwies. In der über Deutschland nur 1000 m mächtigen Kaltluftschicht kam es zu mäßigen Nachtfrösten; in der Ostzone wurden die tiefsten Temperaturen des Monats erreicht. Die Kaltluft führte auch auf dem Balkan, in Frankreich und in Südostengland zu negativen Temperaturen. Der auf die Kaltfront folgende Druckanstieg ließ das Hochzentrum von Skandinavien über den Oberlauf der Oder zu den Karpaten und unter weiterer Kräftigung auf 1040 mb bis zum 27. 10. in den Schwarzmeerraum abwandern.

Nach einer für die Jahreszeit ungewöhnlichen Pause in der atlantischen Störungstätigkeit beendete den Hochdruckeinfluß für Mitteleuropa ein mit großräumigem Druckfall verbundenes Tief, das am 27. 10. maritime Luftmasen über Deutschland heranführte und somit die Frostperiode abschloß. Diese Zyklone zog nach Überqueren von Nordfrankreich die deutsche Nordseeküste entlang bis nach Dänemark. Durch Einbeziehen frischer Kaltluft, die über der Nordsee bereitstand, in ihr Zirkulationssystem vertiefte sie sich noch merklich und führte im Ostseeraum zu stürmischen Winden. Die um den Tiefkern (am 28. 10. 997 mb) herumgeführte maritime Kaltluft überströmte von Nordwesten her Deutschland, während sich die Depression bis zum 30. 10. über Bornholm auffüllte. Durch die damit entstandene Hochdruckbrücke wurde eine über England liegende Hochzelle mit der westrussischen Antizyklone verbunden, während weiter nördlich die Westdrift von Grönland zum Barentsmeer anhielt. Durch Aufgleiten warmer Luft von Südosten, herangeführt um ein über Süddeutschland gelegenes Höhentief, auf die an der Südseite der Hochdruckbrücke westwärts fließenden Kaltluft kam es zu großflächigen feintropfigen Niederschlägen, die am 31. 10. im sächsischen Flachland erstmalig in Schnee übergingen. Die Grenze zwischen Warmluft und Kaltluft (am 2. 11. wurden in den Südkarpaten und der westlichen Ukraine über 16° gegenüber 3 bis 6° in Nordwestdeutschland gemessen) verschob sich an der Südwestflanke des mittlerweile bis zu den Faröern reichenden Hochkeiles zunächst langsam westwärts, wurde dann aber durch kräftigen ostwärts wandernden Druckanstieg über Südwesteuropa, der am 3. 11. zur Ausbildung eines eigenen Kernes über Süddeutschland führte, nach Norden und Osten gedrängt. An der Vorderseite einer umfangreichen Sturmdepression (Kerndruck unter 960 mb) über dem Nordatlantik erfolgte über ganz Mitteleuropa hin ein Transport hochtemperierter Warmluft, die am 4. 11. unter Auslösung verbreiteter Niederschläge bis zur Weichsel vordringen konnte. Der Warmluftschwall wurde dann aber durch Ausbildung einer Hochdruckzelle über Südschweden und die sich damit an seiner Südseite einstellende Ostströmung nach dem Balkan zu abgedrängt. Der Kern des umfangreichen Hochdruckgebietes, an dessen Nordflanke kräftige Störungen über Skandinavien ostwärts zogen, lag am 6. 11. mit 1040 mb über Polen. Die an seiner Südseite nach Westen strömende seichte cAK führte in der Ostzone vom 5.—9. 11. zu neblig-trübem, von Sprühregenfällen begleitetem Wetter. Die Temperatur blieb am 7. 11. in Potsdam erstmalig den ganzen Tag über unter dem Nullpunkt.

Während das Hoch über dem östlichen Mitteleuropa sich nach Südrußland zurückzog, stieß mAK aus dem Seegebiet Grönland-Spitzbergen südwärts vor. In ihr bildete sich südlich Island eine Antizyklone aus, die als Steuerungszentrum für die westliche Hälfte Europas eine Nordströmung hervorrief. Die Massengrenze zwischen maritimer und kontinentaler Luft verlief am 10. 11. in einer Tiefdruckrinne Weißmeer—Ostsee—Nordwestfrankreich. An ihr bildete sich über Südfinnland ein flaches Tief aus, das durch das Zusammentreffen von Süden herangeführter Mittelmeerluft mit der AK sich über Mittelrußland erheblich vertiefte, dann aber rasch über den Ural nach Osten wanderte. In dem gradientschwachen Gebiet über Mitteleuropa wurden vom 9.—12. 11. gleichzeitig einzelne Staffeln der südwärts strömenden Meereskaltluft und ein Warmluftvorstoß vom Balkan her wetterwirksam. So passierte der Rest einer ersten Störung am 10. 11. als maskierte Kaltfront unter verbreitet auftretenden Schneefällen Nord- und Mitteldeutschland. Die folgende Störung zog am nächsten Tage zwischen Weser und Elbe nach Süden, während es gleichzeitig, vornehmlich in der Mark Brandenburg, zur Ausbildung ungewöhnlich dichten Mischungsnebels kam. Langsame, schließlich vom Raume südlich Island bis in Seegebiet nördlich der Azoren führende Verlagerung des steuernden Hochs, das durch kräftige Warmluftzufuhr von Süden (9. 11. auf Island bis zu + 11° gegenüber — 0° in Potsdam!) stabilisiert worden war, bewirkte eine Umstellung der meridionalen Zirkulation in eine zonale. Die an der aus dem Eismeer vorstoßenden AK gebildete Frontzone entstehende stürmische Westdrift ließ die Störungen weiter in den mitteleuropäischen Raum übergreifen und somit endgültig die über dem ostelbischen Gebiet lagernde Kaltluft wegräumen. Die Zyklonen zogen rasch von den Shetlands über Südschweden bis nach Finnland. Am 13. 11. brachte die unter stürmischen Winden serienabschließende maritime Rückseitenluft hinter der maskierten Kaltfront erhebliche Erwärmung mit sich. Dagegen strömte hinter der am 14. 11. mit einem Kerndruck von 980 mb und breitem Warmsektor über Südfinnland liegenden Zyklone sehr kalte frische AK über Skandinavien südwärts, hielt jedoch auf ihrem Wege nach Süden über Südschweden an. In der hochreichenden, durch eine Kaltluftzunge in der relativen Topographie ausgeprägten Kaltluft wurden in Norwegen Temperaturen bis zu — 22° gemessen.

Eine vom Atlantik her auf weit südlicher verlaufender Bahn herangezogene Störung legte sich am 15. 11. im Kanalgebiet fest und füllte sich dann nach geringer Südwärtsverlagerung über Nordfrankreich auf. Unter seinem Einfluß zog eine an der Nordseite des Azorenhochs über den Atlantik gesteuerte Störung über Spanien ins Mittelmeer und belebte hier mit ihrer Rückseitenkaltluft die Tiefdrucktätigkeit. Die sich von dort über den Balkan bis zum 19. 11. in die Ukraine verlagernde Zyklone förderte ein nochmaliges Westwärtsfließen der russischen AK, wobei diese aber nur wenig über die Oder hinweg vordringen konnte. Das Aufgleiten der warmen Mittelmeerluft führte dabei zu ausgedehnten Regenfällen über Ungarn und Polen, die weiter nach Norden zu in Schnee übergingen. Ein nach der Belebung der atlantischen Störungstätigkeit aus dem Seegebiet von Island am 17. 11. nach Schottland gezogenes Sturmtief begann dort sich aufzufüllen und verlagerte sich nur noch wenig bis in die Nordsee. Mit der langsam nordostwärts vordringenden Okklusion war am 19. 11. wieder eine Milderung verbunden. Durch das Zusammentreffen der mitgeführten Warmluft mit der über Rußland bereitstehenden AK vertiefte sich das ehemalige Mittelmeertief beträchtlich und löste auf seiner Rückseite einen neuen Strom frischer arktischer Luft aus. Das in dieser am 21. und 22. 11. über Mittelrußland entstehende Hoch führte endgültig eine bis zum Monatsende andauernde kräftige Südweströmung herbei. Bereits am 20./21. 11. brachten mehrere Störungslinien, die zu einem im Bereich von Irland ortsfest gewordenen Tief gehörten, beim Überqueren des Festlandes laufend Erwärmung mit sich. So stieg in Potsdam die Tageshöchsttemperatur von 1,1° am 18. 11. auf 13,3° am 21. 11. und erreichte damit das Monatsmaximum. Dem ausgedehnten Tiefdrucksystem Mittelengland—Nordmeer, das sich langsam nach Nordosten verschob, stand die sich ins Gebiet nördlich des Kaspischen Meeres zurückziehende Antizyklone, in der Temperaturen bis — 32° gemessen wurden, gegenüber. Bei dieser ausgesprochen winterlichen Druckverteilung erreichte die Differenz der beobachteten Barometerstände am 24. 11. den für die Jahreszeit sehr bemerkenswerten Wert von 90 mb!

Das Einströmen von mAK hinter einem von einem kohärenten Zwischenhoch gefolgten südlichen, am 23. 11. über Skandinavien gelegenen Tiefausläufer bildete eine kurze Unterbrechung der Warmluftadvektion aus Südwesten. Ein neuer Sturmwirbel übernahm nun die Rolle des Steuerungszentrums über dem Nordatlantik. Die rasche Verlagerung seiner bereits mit 80 km/h bis nach Südnorwegen gezogenen Kaltfront wurde durch Wellenbildung gehemmt. Anfangs streifte die neue Störungsserie nur Norddeutschland. Bei Verlagerung des auffüllenden Zentraltiefs an die norwegische Westküste zog aber am 26. 11. eine Welle über Nordwestdeutschland und Mecklenburg nach Nordosten. Dahinter kam es zu vorübergehender Wetterberuhigung. Im Osten wurde das steuernde Hoch durch den Warmluftstrom, der von Westeuropa über die Ostsee nach Nordrußland führte, laufend regeneriert. Ein neues, aus dem Seegebiet westlich Irland am 28. 11. bis nach Südnorwegen gezogenes Tief drang weiter bis nach Finnland vor, während eine folgende Zyklone über Irland stationär wurde. Bei südöstlichen Winden floß nochmals etwas Festlandskaltluft nach Deutschland ein, wurde jedoch am 30. 11. durch die mit dem Abschluß der Zyklonenserie einströmende maritime Kaltluft hinweggeräumt. Das Erscheinen eines neuen Tiefdruckgebietes mit schon weit fortgeschrittenem Okklusionsvorgang leitete dann über zu einer Westlage, die auch in den ersten Tagen des Dezember noch anhielt.

Betrachtet man den Witterungsverlauf des meteorologischen Herbstes als Ganzes, so ist auffallend, daß die zonale Zirkulation des letzten Sommermonats bis zum 24. 9. ununterbrochen anhielt. Wegen des Vorherrschens milder Meeresluftmassen und der spätsommerlichen Hochdruckperiode am Monatsende lag die Mitteltemperatur in der Ostzone um etwa 1° über dem Normalwert. Durch die nördlich verlaufende Zugbahn der meisten Störungen wiesen nur die küstennahen Gebiete zum Teil sehr beträchtliche Niederschlagsüberschüsse auf, während sonst, mit Ausnahme der Mittelgebirgslagen, ein Niederschlagsdefizit von 20—40 % zu verzeichnen war. Das nur durch kurzfristige Westlagen unterbrochene Anhalten von Kaltluftzufuhr aus Osten oder Südosten bewirkte, daß die Mitteltemperatur des Oktober um fast 2° unter dem Durchschnittswert lag, während die Niederschlagsverteilung diesmal in Mecklenburg-Vorpommern unternormale Werte zeigte, sonst aber im allgemeinen Beträge von 100—150 %, in den Mittelgebirgen bis 200 % des Durchschnitts gemessen wurden. Im November dagegen wurde durch die geringe Ergiebigkeit des gefallenen Niederschlags nirgends in der Okk.Zone der Normalwert erreicht. Der Fehlbetrag schwankte zwischen etwa 30 % an der Küste und über 50 % in Mitteldeutschland. Den Ausgleich für die meist unternormalen Temperaturen der ersten zwei Dekaden infolge des Vorherrschens von Kaltluft schuf die kräftige Warmluftadvektion mit der Südwestströmung im letzten Monatsdrittel, so daß sich ein dem Monatsmittel entsprechender Wert ergab.

Eine merkwürdige atmosphärisch-optische Erscheinung

Mit 1 Abbildung

Von **Franz Baur** - Bad Homburg

Am 3. September 1944 abends beobachtete ich in Bad Homburg einen ganz merkwürdigen Regenbogen. Mit der Bezeichnung „Regenbogen" soll nichts über die Entstehungsursachen ausgesagt sein, sondern nur der erste unmittelbare Eindruck geschildert werden. Da der Bogen in allen Spektralfarben hell leuchtete, erinnerte er nicht an die gewöhnlichen Halos, die ich immer nur weißlich mit farbigen Rändern gesehen habe, sondern an einen richtigen Regenbogen. Von einem solchen unterschied er sich nur dadurch, daß er sich in großer Höhe befand, nach unten konvex, also gewissermaßen „verkehrt" und auf derselben Himmelsseite zu sehen war wie die Sonne. Die Beobachtung wurde außer von mir auch von meiner Frau und von Fräulein Dr. G. Mordhorst gemacht, welche die Erscheinung als erste sah und mich fernmündlich darauf aufmerksam machte. Im einzelnen wurde folgendes beobachtet:

A. Sichere Beobachtungen, die von allen Augenzeugen bestätigt werden:

1. Es war ein reiner ununterbrochener Kreisbogen, der nahezu einen vollen Viertelkreis ausmachte.
2. Der Bogen war leuchtend hell, umfaßte alle Spektralfarben: rot — orange — gelb — grün — blau — violett und hatte scharfe Ränder; er war so schön wie ein richtiger Regenbogen vor dunklem Hintergrund.
3. Der Radius des Kreisbogens war erheblich kleiner als bei einem normalen Regenbogen, er betrug allerhöchstens 22°.
4. Das Farbenband erschien schmal, mindestens war es nicht breiter als bei einem Regenbogen.
5. Bewölkung: Über dem Farbenbogen und rechts davon waren ganz feine zarte Zirren, aber kein Zirro-Stratus. Unter dem Bogen waren bis zum natürlichen Horizont herab keine Wolken, auch kein Dunst, sondern klare, reine Luft (vgl. Abb. 1). Im WNW befanden sich zwischen Horizont und halber Höhe ci undul.

B. Wahrscheinlich richtige Beobachtungen, die nur von mir selbst gemacht wurden, nicht von den Augenzeugen:

1. Die Zeit: 19 Uhr 40 ± 1' DSZ. = 18 Uhr 15 wahre Ortszeit. Das bedeutet, daß die Sonne eine Höhe von $3^1/_2$° über dem Horizont und ein Azimut von 98° (von Süd über West gerechnet) hatte. Die Erscheinung wurde 2 bis 3 Minuten lang gesehen.
2. Mittelpunkt des Kreises, von dem der beobachtete Bogen ein Teil war, etwa in 70° Höhe, keinesfalls (das wird auch von den Augenzeugen bestätigt) im Zenit, dagegen würde der oberste Teil des Kreises, wenn er sichtbar gewesen wäre, ungefähr durch den Zenit gegangen sein.
3. Farbfolge: rot außen (unten), violett innen (oben).

4. Höhe des untersten Punktes des Bogens, roh gemessen, 50 Grad.

C. Unsichere Beobachtungen:

Der Bogen lag bestimmt zwischen W und WSW. Nach dem Eindruck, den alle 3 Augenzeugen hatten, lag auch der unterste Punkt des Bogens noch links des Westpunktes. Da aber die genaue Lage des Westpunktes erst später bestimmt werden konnte, muß die Möglichkeit offen gelassen werden, daß doch unterster Punkt und Mittelpunkt des Kreises im Sonnenvertikal lagen.

Aus diesen Beobachtungstatsachen ergeben sich folgende

Schlußfolgerungen: Der Entstehung nach war der Bogen kein „Regenbogen", d. h. die Erscheinung wurde nicht durch Brechung und Spiegelung in Regentropfen verursacht. Das Fehlen von Regenwolken ist kein hinreichender Grund für diese Schlußfolgerung; denn in Höhen über 1000 m kommt ja zuweilen Regenfall ohne Wolken vor (die 0°-Isotherme lag am 3. 9. 44 über Homburg in etwa 2300 m Höhe). Aber die beobachtete Lage des Regenbogens auf der Sonnenseite mit konvexer Krümmung nach unten könnte nur durch eine vierfache Spiegelung in den Regentropfen zustande kommen. Wenn jedoch eine

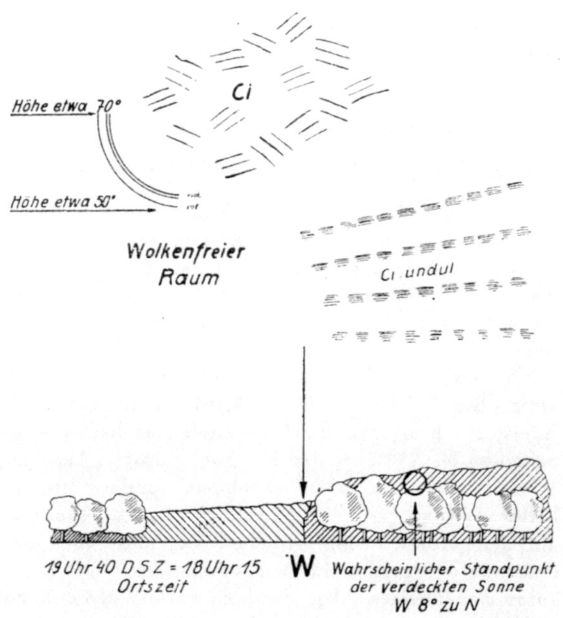

Außergewöhnlicher Halo und Wolken am Westhimmel am 3.9.1944 in Bad Homburg

solche wirklich stattgefunden hätte, dann hätte die Erscheinung nicht so lichtstark sein können, und das Regenbogenband hätte etwa 3mal so breit sein müssen wie ein normales, was ganz bestimmt nicht der Fall war. Die Ercheinung war aber andererseits auch kein gewöhnlicher Halo, kleiner oder großer Ring, da ja die Sonne nicht im Mittelpunkt des Kreises stand. Ebenso kann es auch kein Zirkumzenitalbogen gewesen sein, weil der Bogen nicht dem Horizont parallel verlief (vgl. Abb. 1). Eine Deutung als „irisierende Wolken" kommt nicht im entferntesten in Frage, dazu war der Bogen zu deutlich ein reiner Kreisbogen mit scharfen Rändern. Schließlich kann man die Erscheinung auch nicht als oberen Berührungsbogen des großen Ringes bezeichnen, was — abgesehen davon, daß der unterste Punkt des Bogens vielleicht gar nicht im Sonnenvertikal lag — unmittelbar aus einem Vergleich der Abb. 1 mit der Fig. 13 in R. Meyers Buch[1]) „Die Haloerscheinungen" hervorgeht, welche die keineswegs kreisförmige Gestalt der Berührungsbogen des großen Ringes zeigt. Es bleibt also nur die Möglichkeit, daß es sich um eine bisher noch nicht beschriebene außergewöhnliche Halo-Erscheinung handelt, wobei die Bezeichnung „Halo-Erscheinung" das Zustandekommen durch Spiegelung und Brechung an atmosphärischen Eiskristallen andeuten soll. Aber am ehesten verwandt ist die Erscheinung immerhin doch mit dem oberen Berührungsbogen des großen Ringes. In dieser Auffassung bestärkt mich eine Äußerung von Bravais, auf die mich R. Meyer brieflich aufmerksam machte. Nach Pernter[2]) sagte Bravais: „Der obere Berührungsbogen des Halo von 46° ist ein wahrhaftiger ‚Regenbogen' sowohl durch die Lebhaftigkeit und Deutlichkeit der Farben, wie durch die Schärfe, mit welcher seine Ränder und seine Enden vom Himmel sich abheben." Die Erscheinung vom 3. September 1944 müßte man aber richtiger als Teil eines „Oberen Berührungskreises an den großen Ring bezeichnen, wobei es offen bleiben muß, ob dieser Kreis den großen Ring in seinem obersten Punkt berührte oder seitlich verschoben worden war und als „oberer seitlicher Berührungskreis des großen Ringes" auftrat. Da die Sonnenhöhe $3\frac{1}{2}°$ betrug, hatte der oberste Punkt des (nicht sichtbaren) großen Ringes eine Höhe von etwa 50°. Bei einem Radius von 20° wäre dann der Mittelpunkt des Berührungskreises in 70° Höhe und der (nicht sichtbare) oberste Punkt des Kreises gerade im Zenit gelegen gewesen, was alles gut zu unseren Beobachtungen passen würde.

Zum Schlusse sei noch bemerkt, daß eine halbe Stunde vor der außergewöhnlichen Halo-Erscheinung (nicht von den Augenzeugen dieser, sondern von anderen Personen) ein normaler Halo (22°-Ring) mit 2 Nebensonnen und dem oberen Berührungsbogen des gewöhnlichen Ringes gesehen wurde.

Zusammenfassung:

Beschreibung eines in allen Spektralfarben hell leuchtenden Bogenstückes, das an einen „Regenbogen" erinnerte, aber über der Sonne stand. Aus den Einzelheiten der Beobachtung geht hervor, daß die Erscheinung wahrscheinlich ein Teil des „oberen Berührungskreises an einem großen Sonnenring" (Halo) gewesen ist.

Anschrift des Verfassers:
⑯ Bad Homburg, Landgrafenstraße 26.

---

[1]) R. Meyer, „Die Haloerscheinungen" (Probleme der Kosmischen Physik XII, Hamburg 1929).

[2]) J. M. Pernter u. F. M. Exner, „Meteorologische Optik", 2. Aufl. (1922), S. 27.

Beobachtung einer seltenen Luftspiegelung

Von Kurt Glass

Am 2. Dezember 1941 konnte vom Observatorium Donnersberg/CSR (h = 835 m NN, synoptische Kennziffer = 523) eine langedauernde Luftspiegelung beobachtet werden, wie sie in unseren Breiten wohl nur selten vorkommen dürfte. — Um 09,10 Uhr des genannten Tages wurde bemerkt, daß Fichtelberg und Keilberg im Erzgebirge (Entfernung = 71 km WzS) völlig deformiert waren. Bei genauerer Beobachtung stellte sich heraus, daß nicht nur beide Bergkuppen gehoben erschienen, sondern mit ihnen auch das tieferliegende, sonst nicht sichtbare Gelände. Um 09,20 Uhr bildete sich mit geradezu überraschender Schnelligkeit eine Luftspiegelung größten Ausmaßes. Fichtelberg und Keilberg sowie sämtliche Bergkuppen bis herüber zum Wieselstein (Entfernung = 26 km NW, h = 856 m NN) standen auf sich selbst Kopf, nach oben begrenzt durch eine messerscharfe, waagerechte Linie. Das Interessante an der Erscheinung war, daß sich die Formen der Berge in allerkürzester Zeit änderten. Sämtliche Berge verloren ihre ursprüngliche Form. Vor allem der Oedschloß-Berg im Duppauer Gebirge (Entfernung = 70 km SWzW, h = 925 m NN) machte alle Stadien vom Klumpen, feinst zugespitztem Kegel bis zu einem sonderbar geformten Zylinderhut durch. Auch das Riesengebirge (Entfernung = 130 km E, h = 1400 bis 1600 m NN) zeigte, wenn auch nicht in so deutlich wahrnehmbarer Form, die im Westen so ungewöhnlich stark auftretenden Luftspiegelungen. — Die Erscheinungen waren noch bis gegen 14,30 Uhr zu beobachten; von 13,10 Uhr an bis zum Ende immer schwächer und weniger ausgeprägt auftretend. —

An diesem Beobachtungstage herrschte ausgesprochene Temperatur-Umkehr: Während der Donnersberg bei tiefblauem Himmel und herrlichstem Sonnenschein + 2°, der Fichtelberg sogar + 6° aufwies, hatte Teplitz-Schönau bei dichtem Talnebel und starkem Rauhreifansatz — 7°, Dresden sogar — 10°. — Die Dunst- und Talnebelmassen waren nach oben hin (wie üblich bei derartigen Inversionen) ungewöhnlich scharf begrenzt. Der Temperatur- und vor allem der Feuchtigkeitssprung (Donnersberg nur 3 % rel. Feuchte!) lag bei rund 750 m NN. — Angegebene Zeiten in MEZ.

Zusammenfassung: Beschreibung einer sehr scharf ausgebildeten Fata Morgana. Besonders auffallend war die schnelle Formänderung der gespiegelten Bergketten.

Polarlichter im März und April 1946

1. Polarlicht am 28./29. März 1946.

Beobachtungspunkt: 8 km nordöstlich von Hannover.

Am 28. 3. 1946 wurde abends zwischen 20.30^h und 21.10^h ein Polarlicht beobachtet. Es war meist von weißlicher Farbe. Es bestand aus zwei Teilen, die durch einen nicht mit Licht erfüllten Zwischenraum getrennt waren. Der nördliche Teil bestand aus einem hellen Schein mit einem Maximum im Nordwesten, der wie eine abnorme Abenddämmerung aussah, aber heller als die Milchstraße war. Er reichte etwa 30° über den Horizont. Mit ihm hing zusammen ein drapenieartiger Streifen im NNE, der aus mehreren parallelen Bändern bestand, die senkrecht zum Horizonte verliefen. Diese Streifen zeigten Helligkeitsschwankungen und zeitweise leichte Rotfärbung.

Die auffälligste Erscheinung war ein von Westen nach Osten verlaufender heller Streifen, der wie ein vergrößertes Zodiakallicht bis weit über den Zenith nach Osten reichte. Der Streifen war viel heller als die Milchstraße, die er zum Teil überdeckte und hatte eine scharfe Begrenzung. Im Südwesten lief er nördlich der oberen Orionsterne vorbei und erreichte mit fast paralleler Begrenzung den Raum südlich des Großen Bären. Dieser selbst stand in einem völlig dunklen Zwischenraum zwischen dem nördlichen Lichtgebiet und dem durch den Zenith laufenden hellen Streifen. Die Sterne waren durch den Streifen wie durch einen Nebel zu sehen.

Zuerst verschwanden die Draperien im NNE um 20.50^h, dann zog sich der Zenithalstreifen nach Westen zurück und schließlich verblaßte der Schein im NW gegen 21.10^h. Aber noch zwischen 0 und 2 Uhr am 29. März war im Norden eine eigentümliche Helligkeit des Himmels wahrnehmbar, von dem sich feine hohe Wolken (Ci) als schwarze Streifen abhoben. (Zeit = MEZ.)

2. Polarlicht am 23./24. April 1946.

Beobachtungspunkt: 8 km nordöstlich von Hannover.

Schon um 22.30^h (deutsche Sommerzeit) am 23. 4. 1946 fiel am wolkenlosen Himmel im Norden ein blasser milchstraßenheller Schein auf, ohne bestimmte Farbe, der eine halbkreisförmige Begrenzung hatte. Er erinnerte an einen sommerlichen Dämmerungsbogen, hatte aber das Maximum der Helligkeit im NNE, statt im NNW, wie bei der normalen Dämmerung. Um 2 Uhr am 24. 4. wurde dann statt dieses Kreissegmentes ein Strahlensystem beobachtet, das zeitweise bis 45° über den Horizont reichte. Auch jetzt waren keine Farben zu erkennen, sondern nur ein heller Lichtschein. Die Strahlen standen senkrecht auf dem Horizont und schienen sich nach oben nach einem Konvergenzpunkt in der Nähe des Himmelspols zusammenzuneigen. Die Strahlen hatten schwankende Helligkeit. Die Sterne verschwanden darin meistens, nur Capella im NNW war schwach verschleiert durch den Lichtnebel zu sehen. Um 4^h konnten nur noch vereinzelte Strahlen festgestellt werden. Der hellste lag genau im Norden über der dort stehenden Capella.

Da beide Polarlichter eine Sonnenrotationsdauer auseinander liegen, besteht die Möglichkeit, daß sie durch ein und dieselbe Fleckengruppe hervorgerufen wurden, die eine volle Rotation überlebte.

Isernhagen N. B. über Hannover.

Dr. Wilhelm Hartmann.

Witterungsbericht der sowjetischen Okkupationszone Deutschlands

Bearbeitet im Meteorologischen Zentralobservatorium Potsdam.

Oktober 1946

Der Oktober war durchweg zu kalt, in der Nordhälfte der Zone im allgemeinen zu trocken, in der Südhälfte dagegen vorwiegend zu naß.

Die Antizyklone, deren Kern sich am Ende des Vormonats über dem Nordmeer aufgebaut hatte, bildete am 1. einen ausgedehnten Keil hohen Druckes in meridionaler Richtung über Mittel- und Südeuropa hinweg bis zum Lybischen Bergland aus. An ihrer Ostflanke konnte Kaltluft aus polaren Gegenden in mehreren Staffeln südwärts strömen und die Ostzone mit Ausnahme des westlichen Thüringer Beckens überfluten. Sie gelangte mit ihrer vordersten Staffel bis in die Ungarische Tiefebene. Auch am 2. und 3. änderte sich die Wetterlage fast nicht. Während dieser ersten drei Tage des Monats hielt — abgesehen von örtlichen Nebel- und Hochnebelfeldern an Vormittagen in Tallagen der Mittelgebirge — bei guten Sichtverhältnissen die niederschlagsfreie, spätsommerlich-heitere Witterung der vorhergehenden Tage noch an.

1.—3. heiteres Hochdruckwetter

Am 4. begann zunächst im westlichen Teil Mitteleuropas sich eine Westdrift durchzusetzen. Sie beendete den heiteren Altweibersommer. An dem Frontensystem der nun vorstoßenden Meereskaltluft bildeten sich ausgedehnte Niederschlagsfelder, die zunächst den Westen und anschließend den Osten der Zone überquerten. Am 6. bildete sich in der südlichen Ostsee ein Sturmwirbel aus, um den laufend Kaltluftstaffeln aus dem Nordosten und Norden nach Nord- und Ostdeutschland herumgeführt wurden. Vom 5. bis 7. wurde beim Durchgang dieser vielen Störungen an den meisten Orten der Zone die größte Regenmenge des Monats gemessen. Der Tiefkern wanderte langsam bis zum 10. über den Weichselbogen und die Dnjestrmündung nach der Krimhalbinsel ab und füllte sich dabei auf. Inzwischen kräftigte sich ein von Südskandinavien bis zur mittleren Wolga reichendes Hoch. Die Luftströmung in Bodennähe drehte dementsprechend von Nordwest auf Nordost und Ost und ließ durch andauernde Kaltluftzufuhr die Temperaturen weiter absinken. Der Kern der umfangreichen Antizyklone verlagerte sich von Südskandinavien nach dem Nordmeer und blieb dann im Raume der Faröer ortsfest. Im Großteil der Zone war die Hochdruckrandlage auch für den Witterungsablauf vom 10. bis zum 12. bestimmend.

4.—9. regnerisch-trübe, Tiefdruckeinfluß

Nur der äußerste Süden wies am 10. infolge Vorhandenseins von Kaltluft in der Höhe und Stauerscheinungen an den Mittelgebirgen noch geschlossene Schichtbewölkung auf, aus welcher strichweise etwas Regen fiel. Allgemein blieb es bis zum 12. bei schwacher Nordströmung und verbreiteter Frühnebelbildung meist heiter. Ein westlich des Urals gelegenes ausgedehntes Tiefdruckgebiet ließ an seiner Westflanke Meereskaltluft arktischen Ursprungs weiter südwärts vordringen. Am 13. wurde der Nordosten Mitteleuropas von dem Kaltluftausbruch

10.—12. heitere Hochdruckrandlage aus NE, verbunden mit Kaltluftvorstoß

Die Witterung im Oktober 1946

Station	Seehöhe (m)	Lufttemperatur in C⁰ Mittel	Abweichung v. d. normalen	höchste	Datum	tiefste	Datum	Feuchtigkeit in %	Bewölkung 1—10	Niederschlag Höhe mm	in % des normalen	Maximum mm	Datum	Zahl der Tage: Niederschlag ≧ 0,1 mm	≧ 1,0 mm	Schnee	heitere	trübe	Nebel	Gewitter	Sturm	Eistage	Frosttage	Sommertage
Putbus	54	7,4	— 0,9	16,0	1.	—0,4	26.	80	5,3	56,0	100	14,1	6.	11	10	—	9	13	2	—	—	—	2	—
Warnemünde	1	8,0	×	15,6	1.	—1,6	26.	84	6,4	47,9	98	9,5	5.	11	8	—	2	8	2	—	—	—	3	—
Schwerin	59	7,2	— 1,3	15,7	1.	—2,8	25.	83	6,2	43,8	83	14,7	7.	12	9	—	3	9	5	—	—	—	3	—
Neustrelitz	64	5,8	— 2,2	15,8	1.	—6,1	24	85	6,8	37,2	74	10,0	5.	12	8	—	1	12	9	—	—	—	10	—
Kyritz	49	6,4	— 1,7	17,7	1.	—5,5	25.	85	6,4	36,3	81	11,3	5.	12	8	—	2	13	9	—	—	—	7	—
Berlin-Dahlem	55	6,9	— 1,5	18,0	1.	—3,6	25.	81	6,9	46,8	109	8,3	5.+6.	13	11	—	4	14	7	—	—	—	4	—
Frankfurt a. O.	59	5,7	— 2,6	16,4	1.	—6,3	26.	85	7,0	33,6	82	8,3	6.	14	9	—	3	15	8	—	—	—	6	—
Magdeburg	79	7,0	— 1,3	18,5	1.	—4,3	25.	82	7,0	48,9	116	16,3	22.	15	9	—	3	12	7	—	—	—	5	—
Jüterbog	93	6,5	— 1,9	19,7	1.	—6,0	25.	80	6,2	79,4	204	25,6	6.	13	10	—	5	11	12	—	—	—	6	—
Cottbus	74	6,0	— 2,4	18,9	1.	—6,7	25.	85	7,0	61,9	138	15,4	6.	14	9	—	2	14	8	—	—	—	7	—
Halle-Stadt	103	7,7	— 1,4	17,2	1.	—3,2	26.	81	6,7	58,3	142	12,7	6.	14	11	—	3	16	4	—	—	—	4	—
Görlitz	238	5,2	— 3,4	15,7	1.	—5,8	26.	84	7,0	74,7	144	13,2	6.	14	12	1	3	15	8	—	—	—	5	—
Dresden-Wahnsd.	246	6,0	— 2,6	18,2	1.	—5,0	24.	84	7,3	84,2	140	15,6	6.	16	13	1	2	15	8	1	—	—	4	—
Erfurt-West	254	6,6	— 1,3	16,0	12.	—5,3	24.	84	7,7	67,1	164	18,3	23.	14	10	—	2	16	6	—	1	—	5	—
Chemnitz	356	5,9	— 2,3	19,1	1.	—6,2	24.	81	7,2	71,4	130	15,4	7.	13	12	3	2	15	7	—	—	—	6	—
Sonneberg	636	4,8	×	17,3	1.	—6,4	25.	87	7,0	97,2	150	16,0	6.	16	13	—	4	16	11	—	—	—	6	—
Inselberg	913	3,3	— 1,3	16,1	1.	—8,5	24.	88	7,9	102,9	95	16,2	7.	17	13	2	3	19	22	—	8	4	9	—
Fichtelberg	1214	0,9	— 2,6	15,8	20.	—11,0	24.	91	7,7	116,2	135	19,2	7.	15	12	10	1	17	23	—	6	6	22	—

13.—17. Übergreifen schwacher Störungen, wechselnd wolkig mit geringen Niederschlägen

erreicht. Die Störungsfront an der Grenze der Kaltluft überschritt die Oder zunächst nicht. Erst vom 15. bis 17. überquerten unseren Raum von der Ostsee her einige Störungsfronten des osteuropäichen Tiefdrucksystems und führten kühlere Luft mit. Durch die Wirksamkeit des immer noch vorhandenen hohen Druckes, der eine außerordentliche Beständigkeit aufwies und dessen Schwerpunkt inzwischen vom Nordmeer nach den Britischen Inseln gewandert war, kam es an diesen Störungsfronten bei vorübergehender Eintrübung im Süden der Zone zeitweise zu mäßigen, sonst nur zu unerheblichen Niederschlägen. Am 17. kräftigte sich der hohe Druck über den Waldkarpaten und der Kleinen Ungarischen Tiefebene. Dabei bildete sich eine Hochdruckbrücke von dieser Zelle über das westliche Mitteleuropa zum britischen Kern aus. Die schwache Störungstätigkeit über dem östlichen Mitteleuropa fand dadurch ihren Abschluß. Der Schwerpunkt des

18.—20. aufgeheitertes Hochdruckwetter

hohen Druckes verlagerte sich am 18. nach den Beskiden und wanderte am 20. nach dem Balkan ab. Eine zu einem vom Ostatlantik bis zu den Scilly-Inseln vorangekommenen Tief gehörende Störung erreichte über Westdeutschland auch unsere Gebiete. Ihr wettermäßiger Einfluß, ver-

21.—22. bedeckt und regnerisch, zyklonaler Einfluß

bunden mit starker Eintrübung am 21. und verbreiteten Regenfällen am 22., wurde am 23. durch das Südwärtsfließen eines kräftigen Schwalles maritim-arktischer Kaltluft aus dem skandinavischen Raum über die Ostsee, die Norddeutsche Tief-

23.—26. Aufheiterung innerhalb Kaltluft, Hochdrucklage

ebene hinweg bis an die Alpen unterbrochen. Der der Kaltluft nachfolgende Druckanstieg ließ den Schwerpunkt des hohen Druckes von Skandinavien über die obere Oder nach den Karpaten wandern. Während dieser Zeit ging auch in der Zone die Bewölkung bis zur Aufheiterung zurück. Vom Atlantik her griffen am 27. erneut Tiefdruckstörungen mit geschlossener Wolkendecke und verbreiteten Regenfällen auch auf die Ostsee und Ostdeutschland über und drängten die dort lagernde Kalt-

27.—31. vorwiegend trübe, zeitweise mäßiger Niederschlag, zunächst Vorwiegen atlantischer Störungen, gegen Schluß Südostlage

luft etwas nach Osten zurück. Diese mildere Meeresluft wurde bereits am 29. durch um einen Tiefkern in der südlichen Ostsee aus dem skandinavischen Raum herumgeholte Kaltluft abgelöst. Zum Monatsende bahnte sich eine grundlegende Umgestaltung der Wetterlage an. Das Ostseetief hatte sich am 30. rasch aufgefüllt. Das winterliche Kaltlufthoch Osteuropas baute eine Zelle hohen Druckes über Skandinavien auf. An der Südseite dieses Hochs wurde mit östlicher Luftströmung weiter Kaltluft nach Westen geschafft. Dabei kam es offenbar durch Hebungsvorgänge der unteren Luftschichten bei trüber Witterung zu verbreiteten Niederschlägen.

Temperatur

Das Vorherrschen von Kaltluftmassen, z. T. sogar arktischen Ursprungs, ließ die Monatsmittel der Temperatur im gesamten Zonenbereich durchschnittlich um 1,9 Grad unter den Regelwert sinken. Die Höchsttemperaturen wurden an den meisten Stationen am 1. gemessen. Ihre Beträge lagen um 2,8 Grad unter den entsprechenden Normalwerten. Nur die Kammlagen der Mittelgebirge erreichten die durchschnittlichen Maxima oder überschritten diese sogar um 1. Grad. Die Tiefsttemperaturen fielen in den Zeitabschnitt vom 24. bis 26., als arktische Kaltluft über der Zone lagerte. Diese Maxima unterschritten die Normalwerte um 3,5 Grad. Entsprechend dem kalten Charakter des Monats wurden die Frosttage im Großteil der Zone um 1 bis 4 mehr als sonst verzeichnet. Das Datum des ersten Frosteintritts fiel im überwiegenden Teil der Zone mit Ausnahme der Mittelgebirgsgegenden auf den Kaltlufteinbruch vom 23. bis 26. und lag damit um etwa 2 Tage vor dem mittleren Datum des ersten Frosteintritts. Bodenfröste traten dagegen vielfach bereits zu Beginn des Monats auf.

Niederschlag

Die Niederschlagssumme betrug im norddeutschen Flachland sowie im Thüringer Becken 30 bis 50 mm, an der Ostseeküste 50 bis 65 mm, im Bereich der Mittelgebirge 75 bis 100 mm; in ihren Kamm- und Gipfellagen 100 bis 160 mm. Im Vergleich zu den langjährigen Mittelwerten fielen im Bereich der Mecklenburgischen Seenplatte 51 bis 75 v H, im Thüringer Becken 70 bis 100 v H, in Teilen der Ostseeküste und der unteren Oder sowie im Gebiet der Ostzone südlich der Linie Salzwedel—Fürstenberg mit Ausnahme des Fläming 100 bis 150 v H, im Bereich der zuletzt erwähnten Erhebung 150 bis 200 v H. Der meßbare Niederschlag fiel an etwa 14 Tagen, wobei das Ostseegebiet sich nur mit 11 Niederschlagstagen, die Mittelgebirgsgegenden sich durchschnittlich mit 16 Tagen beteiligten. Diese zeitliche Niederschlagsverteilung war für den Ostseebereich stark unternormal, für die Mittelgebirgsgegenden ein wenig zu hoch. Gewitter wurden nur einmal in Dresden beobachtet.

Die Sonnenscheindauer Oktober 1946

Station	in Stunden	in vH der mögl. Dauer	Abweichung in Std. v. d. normalen
Boltenhagen	105,8	*31*	–
Angermünde	126,6	*41*	–
Wall	123,9	*40*	–
Potsdam	110,2	*36*	+ 4,8
Schierke	85,0	*24*	–
Quedlinburg	75,0	*22*	− 18,0
Halle	93,0	*27*	− 12,4
Dresden-Wahnsdorf	104,3	*31*	+ 11,3
Sonneberg	114,8	*34*	–
Fichtelberg	97,8	*29*	+ 28,4

Bewölkung

Die Bewölkungsmenge der Zone wies eine ziemlich einheitliche Verteilung auf. Im Durchschnitt betrug sie 6,8. An der Küste und in Norddeutschland lag sie unter dieser Zahl, in Mitteldeutschland darüber. Im Vergleich zum langjährigen Mittel lag sie um 0,3 über dem Normalwert. Die Zahl der heiteren Tage erreichte oder überschritt die entsprechenden Normalwerte nur im Bereich der Mark Brandenburg und lag sonst um 1 bis 2 Tage darunter. Die Zahl der trüben Tage überschritt in den meisten Fällen den Mittelwert um 2 bis 3 Tage.

Sonnenschein

Die Sonnenscheindauer schwankte im Bereich der Zone ziemlich stark zwischen 20 und 45 v H der möglichen Dauer. Gegenüber der normalen Sonnenscheindauer schwankten die Werte nach der positiven und negativen Seite hin gleichfalls. Der Süden, insbesondere die Kammlagen des Erzgebirges, konnte den größten Überschuß im Vergleich mit den Normalwerten verzeichnen.

Witterungsbericht der sowjetischen Okkupationszone Deutschlands

Bearbeitet im Meteorologischen Zentralobservatorium Potsdam

November 1946

Die Mitteltemperaturen waren im November normal, die Niederschläge durchweg zu gering.

1.—4. trübes, regnerisches Herbstwetter

An der Südwestflanke der Brücke hohen Druckes, die sich gegen Ende des Vormonats vom mittelrussischen Raum bis zum südnorwegischen Bergland aufgebaut hatte, strömte am Boden Festlandskaltluft aus dem Südosten Europas bis in die Deutsche Bucht. In der Höhe wurde dagegen in den ersten Novembertagen Warmluft aus dem Mittelmeerraum bis nach Südskandinavien verfrachtet. Durch die dabei auftretenden Aufgleitvorgänge hielt die trübe und zu strichweisen Niederschlägen neigende Witterung bis zum 4. an.

5.—8. trübes Hochdruckwetter

Am 5. begann das mittelrussische Hoch sich über ganz Mitteleuropa auszudehnen. Dabei führte das Einströmen seichter Festlandskaltluft zu neblig-trübem Wetter mit Sprühregen. Am 7. und 8. wurde hierbei allgemein in der Ostzone (mit Ausnahme der Mark) die tiefsten Temperaturen gemessen. Am 6. erfolgte ein Vorstoß maritimer Kaltluft aus dem Nordatlantik nach Osten bis in den Raum von Novaja Semlja. Hierdurch bildete sich gegen die wärmere Luft des Hochs eine Massengrenze aus, die von Schottland über Südskandinavien zum Weißen Meer reichte. Am 8. war das Hochdruckgebiet etwas nach Osten zurückgewichen, während sich eine abgespaltene Hochdruckzelle über dem Nordatlantik mit Kern zwischen Irland und Island weiter verstärkte und die Rolle eines steuernden Zentrums übernahm. Die Massengrenze schob sich dabei in ihrem westlichen Teil südwärts bis über

Die Witterung im November 1946

Station	Seehöhe (m)	Lufttemperatur in C⁰						Feuchtigkeit in %	Bewölkung 1—10	Niederschlag				Zahl der Tage										
														Niederschlag										
		Mittel	Abweichung v. d. normalen	höchste	Datum	tiefste	Datum			Höhe mm	in % d. normalen	Maximum mm	Datum	≧ 0,1 mm	≧ 1,0 mm	Schnee	heitere	trübe	Nebel	Gewitter	Sturm	Eistage	Frosttage	Sommertage
Putbus	54	3,6	— 0,1	9,3	13.	—1,8	7.	*87*	7,6	42,0	*86*	13,8	4.	10	7	—	3	18	5	—	—	1	6	—
Warnemünde	1	4,2	×	11,1	21.	—2,7	8.	*88*	7,9	28,9	*72*	10,0	4.	11	10	—	—	17	3	—	—	—	8	—
Schwerin	59	3,9	+ 0,1	11,2	21.	—3,1	8.	*86*	8,3	25,9	*59*	14,2	4.	14	4	—	—	21	6	—	—	2	6	—
Neustrelitz	64	3,4	+ 0,1	11,8	21.	—5,4	12.	*88*	8,2	18,5	*41*	9,6	4.	10	5	—	2	20	3	—	—	1	12	—
Kyritz	49	3,5	+ 0,2	11,8	21.	—4,3	12.	*90*	8,1	27,8	*71*	8,4	3.	13	7	—	1	17	19	—	—	1	12	—
Berlin-Dahlem	55	3,8	+ 0,3	12,6	21.	—3,5	12.	*86*	7,5	16,9	*40*	3,8	4.	14	7	1	2	17	2	—	—	—	9	—
Frankfurt a. O.	59	3,0	— 0,3	11,2	3.	—3,6	12.	*90*	8,0	10,1	*27*	2,5	4.	11	3	—	1	19	7	—	—	1	14	—
Magdeburg	79	4,2	+ 0,1	14,0	21.	—2,5	7.	*86*	8,1	17,9	*50*	4,3	1.	15	6	—	1	20	13	—	—	1	7	—
Jüterbog	65	3,5	+ 0,1	13,6	21.	—2,7	8.	*86*	7,4	12,4	*34*	3,5	1.	11	5	—	2	18	8	—	—	—	16	—
Cottbus	74	3,6	+ 0,1	12,3	3.	—4,5	12.	*87*	7,8	21,5	*55*	4,3	1.	13	7	—	1	18	3	—	—	—	13	—
Halle-Passend.	78	4,4	+ 0,3	13,2	21.	—2,0	7.	*84*	7,8	11,3	*38*	2,6	20.	14	5	—	1	18	9	—	—	—	8	—
Görlitz	207	2,8	— 0,0	12,0	2.	—4,3	20.	*87*	7,1	29,7	*62*	7,4	5.	17	8	2	1	13	9	—	—	3	11	—
Dresden-Wahnsd.	246	3,4	0,0	13,3	21.	—3,0	8.	*87*	7,8	17,4	*37*	3,9	5.	13	6	1	1	17	8	—	—	1	7	—
Erfurt-West	254	4,2	+ 1,0	12,2	21.	—3,6	18.	*84*	8,3	9,9	*32*	3,3	19.	9	4	—	—	18	9	—	—	2	8	—
Chemnitz	356	3,3	0,0	13,2	22.	—4,5	8.	*81*	7,5	8,8	*18*	1,7	7.	14	3	1	1	13	8	—	—	2	10	—
Sonneberg	636	1,0	×	8,8	21.	—4,2	7.	*94*	8,5	28,5	*42*	6,8	20.	9	8	2	1	19	24	—	—	5	18	—
Inselberg	917	0,0	0,0	7,6	7.	—5,5	9.	*93*	8,9	46,5	*47*	13,0	20.	19	12	3	1	23	27	—	7	5	24	—
Fichtelberg	1214	-0,7	— 0,3	11,0	25.	—8,1	8.	*87*	7.5	26,7	*37*	6,1	1.	16	10	5	1	16	23	—	5	7	27	—

8.–12. trübes, wechselndes Wetter

Nordwestfrankreich vor und kam somit in die neuentstandene Tiefdruckrinne zu liegen. Im Rahmen der sich damit einstellenden Nordsteuerung kam es an der Massengrenze zu leichter Störungstätigkeit. In der Ostzone kam es beim Aufgleiten auf die flache Bodenkaltluft zu trübem, diesigem Wetter mit Mischungsnebel und verbreitet leichten Niederschlägen. Die Massengrenze verlagerte sich unter langsamer Auflösung in der Zeit vom 10.—12. in den norddeutschen Raum. Kurz vor dem endgültigen Wegräumen der Bodenkaltluft kam es in der Nacht zum 12. in der Mark zur Aufheiterung und damit durch Ausstrahlung zu den tiefsten Temperaturen in jenem Raum. Mit einem schon am 11. einsetzenden Vorstoß arktischer Kaltluft wurde die Warmluft über dem Atlantik nach Süden zurückgedrängt. An der scharfen Massengrenze zogen die ersten Störungen am 12. aus dem Raum südlich Island ostwärts. Die damit entstandene Westlage griff langsam nach Mitteleuropa über. Die vierte Welle dieser Westlage zog als kräftiges Sturmtief von den Shetlands über Südschweden nach Finnland. Hierbei kam es am 13. und 14. in unserem Raum zu verbreiteten leichten Niederschlägen. Auf der Rückseite dieser Welle stieß die Kaltluft in kräftigem Strom nach Süden vor und erreichte am 14. den norddeutschen Raum. Durch diesen Kaltluftstrom wurde die weiter südlich ansetzende 5. Welle soweit abgebremst, daß sie unter langsamer Auffüllung über dem Kanalgebiet ortsfest wurde. Für unseren Raum wurde sie nicht mehr wetterwirksam. Auf ihrer Rückseite wurde jedoch Kaltluft in den Mittelmeerraum gebracht, die hier zu einem Aufleben der Störungstätigkeit führte. Am 17. hatte über dem westlichen Mittelmeer die eingeflossene Kaltluft zur Bildung eines Kaltlufttropfens, verbunden mit einem Höhentief, geführt. Um dieses Höhentief herum hatte sich über ganz Europa eine kräftige Trogsteuerung entwickelt. Gleichzeitig wurde ein neu herankommendes kräftiges Sturmtief über der westlichen Nordsee ortsfest, ebenfalls mit einem kräftigen Höhentief. Mit der einsetzenden Wanderung des Mittelmeerhöhentiefs über Italien, den Balkan in den westrussischen Raum schwenkte die Trogachse mit, so daß sich am 21. wieder eine Westlage eingestellt hatte. Die über unseren Raum ziehenden Störungen brachten zunächst keine wesentlichen Niederschläge. Erst am 19. brachte ein kräftiger Warmluftvorstoß aus dem Azorenraum verbreitet leichte Niederschläge und zugleich auch die mildesten Temperaturen des Monats. Mit dem weiteren Vordringen der Warmluft bis nach Finnland stellte sich eine Südwestlage ein, die bis zum Monatsende mit trübem, zeitweise regnerischem Wetter anhielt. Die Temperaturen blieben dabei durchweg milde.

12.–17. Westlage mit leichten Niederschlägen

18.–21. mildes, zeitweise regnerisches Spätherbstwetter

21.–30. milde Westlage

Temperatur

Die Temperaturmittel lagen im November in der gesamten Ostzone um den langjährigen Mittelwert. Sie wichen im Höchstfalle um 0,3 Grad nach unten und oben davon ab, wobei die negativen Abweichungen im äußersten Norden und Osten der Zone auftraten. (Arkona, Frankfurt/Oder, Görlitz). Das Temperaturmaximum fiel durchweg auf den 20. und 21., d. h. es trat während des Warmluftvorstoßes ein. Das Minimum wurde allgemein während des Kaltluftvorstoßes am 8. gemessen. Lediglich in der Mark kam es kurz vor Wegräumen der Kaltluft in der Nacht zum 12. durch Ausstrahlung zu tieferen Temperaturen und damit zum Monatsminimum. Die mittleren Extremwerte wichen etwas stärker vom langjährigen Mittel ab. Das mittlere Maximum lag in der Ostzone im Durchschnitt um 0,8 Grad zu tief, das mittlere Minimum um 2,8 Grad zu hoch. Hieraus erklären sich auch die leichten positiven Abweichungen im Monatsmittel der Temperatur. Die Zahl der Eistage entsprach dem Mittelwert. Die Zahl der Frosttage war im Westen der Zone gegen das langjährige Mittel um 3—4 Tage zu gering. Im Nordosten entsprach sie dem langjährigen Mittel, und im Südosten war sie um 1—2 Tage zu groß.

Niederschlag

Die Niederschläge waren im November durchweg stark unternormal. Nur im Küstengebiet erreichten sie mehr als 70 % des Normalwertes. Mit Ausnahme des Südostens lagen sie sogar z. T. weit unter 50 % des Regelwertes. Eine Gesamtmenge des Niederschlags von mehr als 20 mm wurde nur im Küstengebiet und in den Mittelgebirgen erreicht. An der Küste und auf dem Inselberg überschritt die Niederschlagsmenge 40 mm. Die Zahl der Tage mit mindestens 0,1 mm war im allgemeinen nur um 1—2 Tage zu gering. Die starke Abweichung im Monatsmittel

Die Sonnenscheindauer November 1946

Station	in Stunden	in vH der mögl. Dauer	Abweichung in Std. v. d. normalen
Boltenhagen	32,1	*12*	−15,9
Angermünde	44,1	*16*	—
Wall	32,8	*12,12*	—
Potsdam	49,7	*18*	−7,3
Halle	58,6	*22*	−1,4
Dresden-Wahnsdorf	62,3	*23*	+2,3
Sonneberg	45,9	*17*	—
Fichtelberg	73,7	*28*	+22,7

ist daher auf die verhältnismäßig geringen Regenmengen zurückzuführen, die bei der im November vorherrschenden wechselhaften Witterung an jedem Niederschlagstag fielen.

Bewölkung Die Bewölkungsmenge überschritt den Normalwert durchschnittlich um 5—6 %. Die Zahl der heiteren Tage war im Durchschnitt um einen Tag zu gering. Lediglich im Ostseeküstengebiet wurde der langjährige Mittelwert der heiteren Tage etwas überschritten. Die Zahl der trüben Tage war im Durchschnitt um 3 Tage zu groß. Lediglich im äußersten Süden (Chemnitz und Fichtelberg) sank die Zahl der trüben Tage unter das langjährige Mittel.

Sonnenschein Die Dauer des Sonnenscheins war im allgemeinen gegenüber dem langjährigen Mittel zu kurz. Sie schwankte zwischen 15 und 20 % der möglichen Dauer (Normalwert etwa 18—25 %).

Witterungsbericht der sowjetischen Okkupationszone Deutschlands

Bearbeitet im Meteorologischen Zentralobservatorium Potsdam

Dezember 1946

Der Dezember war infolge der wenig ergiebigen Niederschläge durchweg zu trocken und durch den Einfluß des Kaltluftvorstoßes um die Monatsmitte bei weitem zu kalt.

1.—4. veränderliches Spätherbstwetter In den ersten Dezembertagen lebte die Ende November herrschende Südwestlage noch einmal auf. Sie brachte nebst trübem wechselhaftem Wetter allgemein die höchsten Tagestemperaturen und teilweise die höchsten Niederschläge durch die Heranführung verhältnismäßig milder Meereskaltluft. Am 5. stellte sich die Lage mehr

5.—13. trübes Vorwinterwetter auf Westwetter um. Gleichzeitig baute sich das winterliche Hochdruckgebiet über Westrußland immer stärker auf. Die weiterhin vom Atlantik nach dem Festland herankommenden Störungen lösten sich daher meist über Deutschland auf. Die dabei anfallenden Niederschlagsmengen waren durchweg sehr gering. Die aus dem westrussischen Hoch vordringende Kaltluft erreichte am 11. die Mark Brandenburg. In den ersten Tagen der Periode hatte es in den höheren Lagen der Mittelgebirge die ersten Schneefälle gegeben. Am 13. kam es im Bereich der Mischungszone an der vordringenden Kaltluftgrenze zu verbreitenden Schneefällen, die zur Ausbildung einer meist geschlossenen Schneedecke führten (mit Ausnahme der nördlichen Mark und des Küstengebietes der Ostsee). Im Verlauf des sich verstärkenden Hochdruckeinflusses kam es zur

Die Witterung im Dezember 1946

Station	Seehöhe (m)	Lufttemperatur in C⁰						Feuchtigkeit in %	Bewölkung 1—10	Niederschlag				Zahl der Tage											
		Mittel	Abweichung v. d. normalen	höchste	Datum	tiefste	Datum			Höhe mm	in % d. normalen	Maximum mm	Datum	Niederschlag ≧ 0,1 mm	Niederschlag ≧ 1,0 mm	Schnee	heitere	trübe	Nebel	Gewitter	Sturm	Eistage	Frosttage	Sommertage
Putbus	54	— 1,3	— 2,1	7,4	1.	−11,8	22.	*84*	7,0	4,6	*8*	2,1	1.	3	1	1	5	17	11	-	-	12	20	-
Warnemünde	1	— 1,2	— 2,3	8,3	2.	−12,5	20.	*87*	7,3	8,2	*18*	2,0	30.	11	3	5	4	18	10	-	-	11	20	-
Schwerin	59	— 1,7	— 2,6	8,0	2.	−13,9	22.	*83*	7,3	13,1	*23*	3,9	1.	11	5	4	6	19	10	-	-	11	22	-
Neustrelitz	64	— 2,9	— 3,3	7,1	2.	−16,9	22.	*88*	7,3	9,0	*16*	6,3	3.	10	3	1	7	20	12	-	-	12	23	-
Kyritz	49	— 2,6	— 3,0	7,8	2.	−16,4	20.	*89*	7,0	6,1	*34*	3,9	3.	12	7	6	6	18	15	-	-	14	25	-
Berlin-Dahlem	55	— 2,2	— 2,9	8,0	1.	−15,5	23.	*88*	7,1	9,1	*18*	5,2	3.	7	2	3	7	21	6	-	-	12	22	-
Frankfurt a O	59	— 2,5	— 2,8	7,6	2.	−16,8	20.	*86*	7,0	10,3	*24*	4,5	3.	10	4	7	8	19	9	-	-	13	23	-
Magdeburg	79	— 3,3	— 4,7	8,8	1.	−19,7	13.	*87*	6,4	20,8	*53*	6,4	3.	12	8	9	8	14	18	-	-	12	27	-
Jüterbog	65	— 2,7	— 3,2	8,9	1.	−17,1	20.	*84*	6,2	10,9	*29*	5,1	3.	10	3	1	7	12	10	-	-	12	27	-
Cottbus	74	— 2,8	— 3,5	8,6	2	−17,5	21.	*86*	6,6	15,8	*37*	4,4	3.	11	5	3	8	19	6	-	-	12	23	-
Halle-Passend.	78	— 3,0	— 4,4	8,8	2.	−19,9	21.	*88*	6,6	15,6	*47*	5,4	14.	1	5	7	4	13	13	-	-	11	24	-
Görlitz	217	2,0	— 3,1	7,2	1.	−17,1	20	×	6,6	23,8	*46*	6,3	5.	13	7	5	8	16	9	-	2	14	23	-
Dresden-Wahnsd.	246	— 2,8	— 3,1	8,6	2.	−17,4	15.	*85*	6,4	19,0	*34*	2,9	14.	11	4	4	7	14	13	-	-	13	23	-
Erfurt-West	254	— 3,5	— 4,0	8,3	2.	−20,6	20.	*86*	7,0	22,3	*75*	8,0	30.	12	4	7	5	17	6	-	-	11	24	-
Chemnitz	356	— 3,3	— 3,0	7,7	1.	−21,5	15.	*83*	5,9	20,6	*37*	7,8	14.	12	3	9	9	14	2	-	-	10	25	-
Sonneberg	636	— 5,0	×	4,7	3.	−18,9	15.	*93*	7,4	61,8	*70*	21,2	3.	16	9	7	5	21	21	-	2	26	27	-
Inselberg	917	— 6,3	— 3,4	2,1	1.	−19,8	15.	*94*	8,3	80,4	*66*	18,7	3.	27	15	9	5	25	27	-	4	28	31	-
Fichtelberg	1214	— 7,1	— 3,2	0,9	3.	−19,3	20.	*94*	6,3	68,6	*86*	14,2	3.	18	13	18	8	16	25	-	8	28	31	-

14.–24. trockenes, kaltes Winterwetter Ausbildung des typischen Wintermonsuns, d. h. zum Ausfließen arktischer Festlandskaltluft aus dem russischen Hoch nach Mittel- und Westeuropa. Verstärkt durch nächtliche Ausstrahlung und die geschlossene Schneedecke sanken die Temperaturen rasch ab und erreichten, verbreitet vor allem in den höheren Lagen, die —20-Gradgrenze. In Thüringen, Sachsen und dem nördlichen Harzvorland wurden stellenweise sogar —25 Grad erreicht. Bemerkenswert an der Wetterlage war, daß sich auf der Nordseite des Hochdruckgebietes über Nordeuropa eine ausgeprägte Westlage mit kräftiger Störungstätigkeit einstellte, die verhältnismäßig milde Meeresluft weit nach Osten verfrachtete. In Murmansk wurden (zur Zeit der stärksten Kälte bei uns) + 2 Grad gemessen, in Island bis zu + 7 Grad. Durch diese Westlage in den höheren Breiten wurde das Hoch sehr langsam von Nordwesten her abgebaut. Am 18. überflutete die wärmere Luft den gesamten skandinavischen Raum. Am 19. erreichte sie das norddeutsche Küstengebiet. Das Wegräumen der Bodenkaltluft ging jedoch nur langsam vonstatten. Am 23. und 24. traten durch die in der Höhe bereits weit vorangekommene wärmere Luft verbreitete leichte Schnee- und Schneeregenfälle auf. Die letzten 7 Tage des Dezember standen unter dem Einfluß verschiedener vom atlantischen Ursprungsgebiet herangeführter Störungen. Am 25. setzte sich die wärmere Luft bis zum Boden durch und brachte

25.–31. naßkaltes Winterwetter Temperaturanstieg bis zum Gefrierpunkt. Die verschiedenen auf unseren Raum übergreifenden Störungen brachten verbreitet Schnee-, Schneeregen- und z. T. auch Regenfälle. Teilweise wurden in diesen Tagen die höchsten Tagessummen gemessen. Zur Ausbildung einer durchgreifenden Westlage kam es jedoch nicht. Auch hielten sich die Temperaturen durchweg um den Gefrierpunkt, so daß die Schneedecke bis Monatsende liegen blieb. Bemerkenswert ist, daß für unseren Raum die Weihnachtsdepression am 25. pünktlich einsetzte.

Temperatur Die Temperaturen waren während der ersten 4 Tage des Monats etwas zu warm, dann etwa bis zum 14. normal. In der Frostperiode sanken sie weit unter das normale Maß, um in den letzten Tagen wieder bis in die Nähe des Regelwertes zu steigen. In den Monatsmitteln wirkte sich die Frostperiode außerordentlich stark aus. Die Tagesmittel lagen durchschnittlich um 3,3 Grad, die Maxima um 2,1 Grad und die Minima sogar um 7 Grad unter dem Regelwert. Aber nicht nur die Stärke, sondern auch die Dauer der Frostperiode war anormal. Dies kommt in der Zahl der Frost- und Eistage zum Ausdruck, die um 6 Tage zu hoch lag.

Niederschlag Die Niederschläge waren im Dezember durchweg zu gering. In Mecklenburg und dem Norden der Mark wurden nur 15 bis 25 % des Regelwertes erreicht (Putbus nur 8 %) in Mitteldeutschland 25—35 % und im Süden der Ostzone und in Thüringen 35—75 %. Lediglich in den Kammlagen der Mittelgebirge wurden stellenweise 80 bis 90 % erreicht. Der maximale Niederschlag fiel allgemein am 3., vereinzelt auch am 14. und 30. Die Beträge lagen im Flachland zwischen 2 und 8 mm. Nur in den Mittelgebirgen wurden vereinzelt 20 mm erreicht. Die Zahl der Niederschlagstage war durchschnittlich um 6 zu klein. Die Zahl der Schneetage war großen Schwankungen unterworfen (1—9 Tage), da im Bereich der Mischungszone am 13. und 14. und am Ende des Monats an vielen Stellen nur Schneeregen und Regen beobachtet wurde. Die Schneedecke erreichte im Flachland eine Dicke von 1 (Mecklenburg und Mark) bis 5 cm (Thüringen). In den Mittelgebirgen etwas mehr. Die Schneedecke lag allgemein vom 14. bis Monatsende.

Bewölkung Die Bewölkungsmenge war infolge der langen Hochdruckperiode im Monatsmittel um etwa ein Zehntel zu gering. In der Zeit vom 5. bis 13. war sie zu hoch, da in dieser Periode meist völlig bedecktes Wetter herrschte. Die Zahl der trüben Tage war daher nur um einen Tag zu klein, während die Zahl der heiteren Tage um 5 Tage über dem Regelwert lag. Die Bewölkungsverhältnisse waren in der ganzen Ostzone ziemlich einheitlich. Lediglich die Zahl der trüben Tage war im Norden und in Thüringen etwas höher als in den übrigen Gebieten.

Sonnenschein Dementsprechend lagen die Verhältnisse bei der Registrierung des Sonnenscheins. Es wurden in Mecklenburg 18—20 %, in Thüringen 20—25 % des möglichen Sonnenscheins gemessen. Nach Südosten zeigte sich eine Zunahme der Werte bis auf 35 %. In Stunden ausgedrückt liegen die Werte zwischen 45 und 85 Stunden d. h. etwa 15—40 Stunden über dem Regelwert.

Die Sonnenscheindauer Dezember 1946

Station	in Stunden	in vH der mögl. Dauer	Abweichung in Std. v. d. normalen
Boltenhagen	46,0	*19*	—
Angermünde	44,8	*19*	—
Wall	51,6	*22*	—
Potsdam	63,6	*26*	+ 23,3
Schierke	30,0	*12*	—
Quedlinburg	43,0	*17*	— 3,5
Halle	69,2	*29*	+ 25,8
Dresden-Wahnsdorf	81,0	*34*	+ 34,5
Sonneberg	56,1	*23*	—
Fichtelberg	84,7	*35*	+ 41,3

Provisorische Züricher Sonnenflecken-Relativzahlen für das vierte Vierteljahr 1946

nach Beobachtungen am Observatorium Zürich und an seinen Stationen Locarno und Arosa.

Mitgeteilt von Dr. M. Waldmeier in Zürich

Datum	Okt.	Nov.	Dez.	Datum	Okt.	Nov.	Dez.
1.	91	95	84	18.	127	154	143
2.	107	88	88	19.	134	166	141
3.	73	85	79	20.	131	141	145
4.	77	59	104				
5.	55	88	102	21.	128	141	126
				22.	133	124	138
6.	64	121	93	23.	132	153	147
7.	67	125	111	24.	123	140	152
8.	65	126	87	25.	136	138	148
9.	57	128	73				
10.	61	130	103	26.	128	127	145
				27.	130	116	144
11.	50	138	119	28.	106	102	154
12.	68	169	127	29.	109	84	132
13.	92	131	99	30.	102	69	116
14.	144	167	116				
15.	115	145	165	31.	103		98
16.	131	140	150	Mittel	102.1	125.0	121.7
17.	126	159	143				

Jahresmittel 1946 : **92.4**

Achtung Postbezieher!

Wir bitten die Postbezieher unserer Zeitschrift, sich bei Unregelmäßigkeiten in der Zustellung immer zuerst mit ihrem zuständigen Postamt in Verbindung zu setzen und darauf hinzuweisen, daß es durch Annahme der Bezugsgebühren verpflichtet ist, für einwandfreie Lieferung Sorge zu tragen. Dadurch werden Fehler und Versehen seitens der Zusteller oder des Postamtes auf schnellstem Wege beseitigt. Erst wenn das nicht geschieht, bitten wir, uns zu benachrichtigen.

Zeitschriftenschau

Annalen der Hydrographie 72, 1944, Heft VI. E. Markus: Die Verteilung des Luftdruckes über der Erdoberfläche. S. 161—168; F. B. Groissmayr: Weltwetter und Klimaschwankungen. S. 169—182; A. Schumacher: Bruno Schulz †. S. 183—188; W. Collmann: Nieselschauer. S. 189—190. — Heft VII. W. Portig: Dreimasseneck-ähnliche Sturmtiefentwicklung auf dem Nordatlantik. S. 205—208. 1 Tafel; G. Fanselau: Genauigkeitsgrenzen in der Justierung und bei der Auswertung erdmagn. Horizontalintensitätsvariometer. S. 208—213; O. Meißner: Die Eistage in Prag (1781—1940). S. 213—219; G. Neumann: Prof. Dr. A. Defant zum 60. Geburtstag. S. 219—221; F. Spieß: Geh. Oberregierungsrat a. D. Capelle 80 Jahre alt. S. 221—222.

Annalen der Hydrographie 72, 1944, Heft VIII/IX. H. Jaeckisch: Vergleichende Untersuchungen über die Methoden zur Berechnung des Kondensationsniveaus. Wetterdynamik Nr. 11. S. 235—246, 2 Taf.; K. Burkhart: Operative Lösungsmethoden in Wärmeleitung und Austausch. S. 246—268; W. Collmann: Seltene Haloerscheinung. S. 268—269; W. Collmann: Klimatogr. Witterungsschilderung. Nr. 168. Kaltlufteinbruch im Passat. S. 269—270. — Heft X. H. Prügel: Bemerkenswerte Cumulusbewölkung als Beispiel für die Verwendungsmöglichkeit der Ergebnisse eines Wetteraufstieges zur kurzfristigen Schauervorhersage. S. 280—283; F. Schnaidt: Über die Darstellung der spezif. Feuchte durch die Taupunktkurve. S. 284—290.

Gerlands Beiträge zur Geophysik 60, 1943, Heft 1/2. C. W. Lutz: Über den Beitrag der Spitzenentladung zur Aufrechterhaltung der negativen Erdladung. S. 9 bis 15; F. Schnaidt: Über die adiabatischen Zustandsänderungen feuchter Luft, die abgeleiteten Temperaturen und den Energievorrat atm. Schichtungen. S. 16—138; F. Link: Reduktion der Abbotschen Messungen der atm. Extinktion. S. 139—146; F. Burmeister: Der voraussichtliche Säkularverlauf der magn. Deklination im mittl. Europa während der nächsten Jahre. S. 147—156; K. Wegener: Die Mächtigkeit des grönländ. Inlandeises nach Schwermessungen. S. 157—162.

Gerlands Beiträge zur Geophysik 61, 1945. Georg Greim: Die interdiurne Veränderlichkeit der Lufttemperatur in Darmstadt in den Jahren 1901—1930 und ihre kalendermäßige Bindung. S. 1—31; H. Israël: Entladungen in den Gewitterwolken und von diesen nach oben. S. 32—40.

Journal of the Optical Soc. America 35 (1945). N. F. Barnes and S. L. Bellinger: Schlieren and shadowgraph equipement for air flow analysis. S. 497 bis 509. — **36** (1946): W. W. Coblentz: Ives medalist for 1946. S. 61—71; W. W. Coblentz: The measurement of ultraviolet radiation useful in heliotherapy. S. 72—76.

Die Naturwissenschaften 32, 1944, Heft 5/13. M. Waldmeier: Probleme der Sonnenkorona. S. 51 bis 57. — Heft 14/26. A. Eucken: Über den Zustand des Erdinnern. S. 112—121. — Heft 27/39. H. Thorade: A. Defant sechzig Jahre alt. S. 165—166; M. v. Laue: Zum 50. Todestage von Hermann v. Helmholtz. S. 206—207; O. Merhaupt: Eine bemerkenswerte Blitzaufnahme. S. 212—213. — Heft 40/43. A. Flammersfeld: Das verbesserte Rechenschiebersystem „Darmstadt". S. 290.

Die Naturwissenschaften 33, 1946. Heft 1. A. Defant: Die Stromvorgänge in Meeresstraßen und ihre Bedeutung für die Tiefenzirkulation der Ozeane. S. 15 bis 19. — Abnorme Entwicklung der Sonnenflecken Anfang 1946. S. 32. — Heft 2. A. Unsöld: Die kosmische Kurzwellenstrahlung. S. 37—40. — Heft 4. K. O. Kiepenheuer: Eine langsame Partikelstrahlung der Sonne. S. 118. — L. Biermann: Zur Deutung der chromosphärischen Turbulenz und des Exzesses der UV-Strahlung der Sonne. S. 118—119. — J. Bartels: Wetterberichte. S. 128. — Heft 5. J. Bartels: Erdmagnetismus zu Gauß' Zeiten und heute. S. 140—149. — W. Dieminger: Zwei Arten der abnormalen E-Schicht. S. 154—155.

Herausgeber und Chefredakteur: Prof. Dr. Süring, Meteorologisches Zentralobservatorium Potsdam · Verlag: Deutscher Zentralverlag GmbH., Berlin C 2, Breite Straße 37. (Leitung: Alfred Hülsenbeck, Berlin), Telefon: 429237/38 · Postscheckkonto: Berlin 140025 · Erscheint monatlich einmal · Bezugspreis: Einzelheft Mk. 4.—, Vierteljahresabonnement Mk. 12.—, zuzüglich Zustellgebühr · In Postzeitungsliste eingetragen · Bestellungen über die Postämter, den Buchhandel oder beim Verlag . Anzeigenannahme: DEWAG Deutsche Werbe- und Anzeigen GmbH., Berlin-Charlottenburg 4, Bismarckstraße 33, Fernsprecher: 32 16 38 und 32 46 28, Telegrammadresse: Dewaganzeigen Berlin · Druck: (150) - Max Lipfert, Berlin NO 55, Prenzlauer Allee 36
Veröffentlicht unter der Lizenz-Nr. 77 der Sowjetischen Militär-Administration in Deutschland

FSC
www.fsc.org
MIX
Papier | Fördert gute Waldnutzung
FSC® C083411

Zeitfracht Medien GmbH
Ferdinand-Jühlke-Straße 7
99095 Erfurt, Deutschland
produktsicherheit@kolibri360.de